U0321291

厨房里的幸福食光

邢雨田——著

荤菜篇

素菜篇

甜品篇

献给热爱美食、热爱生活的你!
希望你从今天开始,努力生活、好好吃饭!

内蒙古人民出版社

图书在版编目（ＣＩＰ）数据

厨房里的幸福食光 ／ 邢雨田著． -- 呼和浩特 ： 内蒙古人民出版社，
2019.8

ISBN 978-7-204-15999-4

Ⅰ．①厨… Ⅱ．①邢… Ⅲ．①菜谱－中国 Ⅳ．① TS972.182

中国版本图书馆 CIP 数据核字 (2019) 第 152735 号

厨房里的幸福食光

作　　者	邢雨田	
责任编辑	蔺小英	
封面设计	宋双成	
出版发行	内蒙古人民出版社	
地　　址	呼和浩特市新城区中山东路 8 号波士名人国际 B 座 5 层	
网　　址	http: //www.impph.cn	
印　　刷	内蒙古恩科赛美好印刷有限公司	
开　　本	710mm×1000mm　1/16	
印　　张	11	
字　　数	130 千	
版　　次	2019 年 10 月第 1 版	
印　　次	2019 年 10 月第 1 次印刷	
印　　数	1－2000 册	
书　　号	ISBN 978-7-204-15999-4	
定　　价	52.00 元	

如发现印装质量问题，请与我社联系。联系电话：（0471）3946120

序

母亲　段淑琴

　　《厨房里的幸福食光》的出版，是一件值得欣慰的事情。本书从健康营养的角度出发，本着美味与视觉并重，甜点烘焙与荤素菜系结合的原则，精心选编了近百种食谱，不仅会受年轻人青睐，也会受中老年人的喜爱。

　　女儿是90后，大学毕业参加工作6年，结婚前也曾是一个不敢动天然气的姑娘，能在两年时间以厨房小白取得今天的进步，着实令人欣慰。今天，在人口稠密的都市，年轻人在闲适之时大多出现在商场、饭店，而她去的最多的地方是生鲜集贸市场或早市地摊，因为那里更能感知自然与新鲜的气息。她顺应着节气，本着"不时不食"的古训，精心地蒸煮烹炒。这种生活方式和态度，对于当下和未来，都弥足珍贵。

　　工作之余，女儿着一身布衫出入于厨房，一些食材并无太高经济价值，经她巧思细做，便能华丽转身，变为意想不到的美味。网络使她开阔了眼界，提高了烹饪技能，结识了高级"吃货"。她

还购置了许多诱人的锅具及餐盘，正所谓菜品的"色、香、味、形、意、器、养"，"器"也是她进行美食摄影的必备道具。

事实上，在灶台前、在烤箱旁，对各种食材的不疾不徐、恰如其分的操作过程以及给自己杰作的拍摄，她在镜头后的那种感觉，正是工作之余解压与放松的最好方式。从激活酵母，启动厨师机揉面，静待发酵开始，直至面包新鲜出炉，满屋散发的烘焙香气，无时无刻不令人感到万分的幸福。

吃是一门艺术，而菜肴烹饪手段千变万化，细微处层出不穷，要使食物与调味更好地结合与碰撞，还需要不断尝试，完善自己的配方和技能。

多数80后和90后为独生子女，很少有下厨的机会，但是只要懂得生活，热爱美食，注重健康，这就足够了。让我们来一场"厨房革命"，打开菜谱，烹饪出属于自己的美味吧。此书为启蒙与提高并存之首选，希望大家都能少食外卖，回归厨房，制作属于自己的，不输饭店的健康美食。

Soup

序

丈夫　龚玮

很荣幸拥有这本书的两个"第一"——第一位读者和书中美食的第一位品鉴者。能够获此殊荣，不仅因为我是一名不折不扣的美食爱好者，更因为我有一个独一无二的身份：本书作者的丈夫。

其实这本书不仅是教大家烹制美食，更是表现出她对生活的一种热爱。吃是一门艺术，烹制美食是一种态度，需要良好的心态与对艺术的追求。作为最了解她的人，我无时无刻不感受着她对于生活的精细雕琢，我常说她把日子过成了诗。我们是高中二年级时走在一起，一年后我们又幸运地共同来到南京上大学。那是一座古香古色与现代气息完美结合的城市，而金陵美食也成为装点城市不可或缺的一部分。南京自古以来由于其地理位置，决定了其饮食是南北杂汇、东西参糅。作为土生土长的内蒙古人，我们来到南京，立刻被风格完全不同的当地美食所吸引。大学四年，我们利用周末尝遍了本地几乎所有的美食。而在这四年间，她对我说的最多的一句话就是："你喜欢吃，等我们有了自己的家，我做给你吃。"几年后的今天，她已经为我烹制了很多美食，可谓一句话一辈子。从大学起，我们每年都会旅行几次，天南海北都留下了我们的足迹。以寻找美食为中心安排线路，一直是我们的旅行特色。我们认为旅行的意义就在于了解当地的风土人情，品尝那里独有的食物，了解当地的食材和烹饪特色。比如一起去集市逛逛，看看有什么特有的食材，询问一下做法；去饭馆坐坐，品尝一下当地厨师的特色料理；离开的时候再搜寻一些当地食材、调味品带回家，复刻给家人们吃。她还会把有创意的吃法，写在自己经营的公众号"雨天吃什么"中，分享给更多人看。她把这样的习惯彻底带进了我们的婚后生活，有时工作一天回到家中，打开家门即可闻到扑鼻的香味，浑身的疲惫立刻烟消云散。家就是当你遇到任何不快时都可以让你感到安心、踏实的地方。这本书让我感到无比温暖，用爱谱写的篇章总会让人意犹未尽。

其实以上都只是我们与美食结下的最初之缘，接下来我还想说一说这本书的另一个亮点。我们在阅读时关注的重点往往都是美食的烹制流程以及注意事项等文字部分，却忽略了每一道菜品的实物图片。这本书的每一张图片都是她亲自拍摄的作品，因为没有团队，所以有时在拍摄过程中耗费的时间远比烹饪本身更长。为了拍出食材最真实的一面，绝大部分时间里，她都在和时间赛跑，做一步拍一步。等到美食出锅，我也只能先眼巴巴地看着，等待她拍成品图。也许有些朋友认为拍照很简单，但作为一名业余摄影师的我可以负责任地告诉你，这绝非易事。摄影不单单是门技术，更是源自内心表达的一门艺术。

作为丈夫的我深知这本书的来之不易，在工作之余她放弃了很多业余时间，不断尝试配方，力求给大家提供口味最佳、成功率最高的菜谱。当你打开这本书时，希望它能带给你轻松和愉悦。让我们在这钢筋水泥的城市森林，在快节奏的生活中歇歇脚步，体验慢生活带给我们不一样的感受。一本好书、一杯清茶、一餐美食后的茶歇时光正是我们焦躁生活中的宁静。让我们为家人亲自下厨烹制一道既营养又美味的菜肴，注视着他们餐后满足的微笑，生活本该如此。

　　愿所有读者爱自己，更爱生活！

目录

contents

甜品篇 /101

厨房里的幸福食光　01 PART

CHUFANG LI DE
XINGFU
SHIGUANG　荤菜篇

　　俗话说，无肉不欢。本篇的荤菜，力争在美味的同时保证快手，让你在大快朵颐的同时享受站在食物链顶端的快感。让我们通过一道道活色生香的美味，细品生活滋味，领略百态人生。

烤箱版鸡米花

 食材　鸡胸肉中等大小一片／鸡蛋 1 颗／淀粉适量／面包糠适量／黑胡椒适量／盐适量

步骤

1. 鸡胸肉洗净切成 2 厘米见方的块。

2. 切好的鸡胸肉中放入适量黑胡椒和盐，抓匀，腌制 15 分钟。

3. 将腌制好的鸡胸肉裹一圈淀粉。

4. 将裹好淀粉的鸡胸肉放入打散的蛋液中，蘸一层蛋液。

5. 再将鸡胸肉放入面包糠中，均匀滚一层面包糠。

6. 将鸡胸肉放在烤盘上，预热烤箱，上下火 200 摄氏度。预热好后，将烤盘放入烤箱中层，烘烤 20 分钟，出炉后搭配自己喜欢的蘸料即可。

贴士

1. 想用不粘烤盘的话，需要垫一层油纸。

2. 烤好后可以撒孜然粉，也可以蘸番茄酱、甜辣酱等酱料。

3. 依据自家烤箱对温度、烘烤时间做细微调整，烤太久鸡肉容易柴。

步　骤

芒果酱炒虾

食材　芒果中等大小 1 个／青虾 10~12 个／青豆 2 勺／玉米粒 2 勺／椰浆 20 克／淡奶油 15 克／白砂糖 1 勺／盐 1/2 勺／柠檬汁 5 滴／橄榄油适量

步骤

1. 青虾去头去壳以及虾线，头和壳另放待用。
2. 芒果去皮去核，切小块。
3. 取一半芒果肉，用料理机打成芒果泥，倒入锅中。
4. 锅中加入淡奶油、椰浆、糖、柠檬汁熬至浓稠。
5. 另起锅，放入少许橄榄油，油五成热时，放入虾头、虾壳，煸炒至变红。
6. 沥出虾头、虾壳，保留虾油，放入青豆和玉米粒，加入半勺盐，炒至七成熟。
7. 加入去壳的青虾，炒熟。
8. 加入熬好的芒果酱以及剩余一半的芒果粒，翻炒均匀即可出锅。

贴士

1. 放入柠檬汁可以避免芒果氧化变色，所以尽量不要省去。
2. 最后一步加入芒果粒后，翻炒均匀即可，因为芒果受热后味道会变酸。

步骤

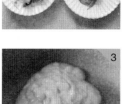

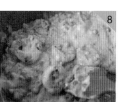

排骨焖饭

 食材 肋排 300 克／米饭 2~3 人份的量／胡萝卜中等大小 1 个／土豆中等大小 1 个／香菇 10 个左右／小葱半根／蒜 3 瓣／生抽 1 勺／老抽 1 勺／蚝油 1 勺／冰糖 1 勺／食用油适量

步骤

1. 切成小块的排骨冷水入锅，水开后去浮沫捞出。

2. 锅中放少许油，油五成热时放入冰糖，炒至冰糖完全熔化，成为琥珀色。

3. 放入排骨翻炒均匀。

4. 放入葱末、蒜末，继续翻炒 2 分钟。

5. 放入生抽、老抽、蚝油，翻炒均匀。

6. 放入切好的土豆块、胡萝卜块、香菇，翻炒 3 分钟。

7. 加入比焖米饭时所用水量略多一点的水，搅匀。

8. 电饭锅中放入淘好的米，倒入排骨及汤水。待米饭煮熟后，拌匀即可出锅。

贴士

1. 用水量要比平时焖米饭时稍多一些，是因为土豆和胡萝卜会吸收一部分水分。

2. 饭熟后，开盖搅拌均匀时，最好再盖上盖子焖 5 分钟，这样口感会更好。

3. 不喜欢颜色太重的话，可以把老抽换成生抽（即生抽 2 勺）。

4. 食材是 2~3 人的量，可依据食用人数，调整米饭用量及食材用量。

步骤

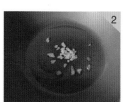

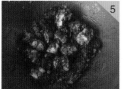

罗宋汤

食材　牛腩 200 克／西红柿中等大小 2 个／土豆中等大小 2 个／胡萝卜中等大小 2 根／卷心菜适量／洋葱适量／番茄沙司 4 勺／面粉 50 克／盐适量／黑胡椒少许／黄油适量

步骤

1. 牛腩洗净切成 3 厘米见方的块，放入冷水锅中，煮沸后捞出。

2. 另起锅，放入牛腩，加入热水，小火炖煮 40 分钟。期间，将胡萝卜、土豆切成 2 厘米见方的块，卷心菜撕成小片，洋葱切丝，西红柿去皮后切成与土豆等大的块。

3. 牛肉煮好后，另起锅放入黄油，油五成热时放入洋葱，炒出香味。

4. 放入胡萝卜和土豆，翻炒至边缘微金黄。

5. 放入卷心菜，翻炒 2 分钟。

6. 将炒好的蔬菜拨到一边，在另一边放入西红柿。

7. 翻炒西红柿，炒至软烂变成酱，与其他蔬菜混合。

8. 将所有蔬菜倒入牛肉锅中，炖煮 20 分钟。

9. 另起锅，锅中放入少许黄油，油微热时放入面粉，炒至面粉颜色微黄。

10. 将炒好的面粉倒入汤锅中，加入番茄沙司、盐、黑胡椒，搅拌均匀，再熬煮 5 分钟后即可出锅。

贴士

1. 炒面的时候注意火候，炒至微黄即可，不要炒得太过火。

2. 步骤 2 中，锅中需加入热水，因为冷水会让焯过的牛肉瞬间紧实起来，不容易煮软。

3. 加入炒好的面粉是为了让汤汁更浓稠，如果放了很多土豆，可以不加面粉。

步　骤

四喜蒸饺

食材　面粉 150 克／开水 85 克／肉馅 100 克／鸡蛋 1 颗／芹菜 1 根／胡萝卜 1/2 根／木耳适量

步骤

1. 将面粉装入大碗中，缓慢倒入开水，边倒边用筷子搅拌成絮状。稍晾凉，用手揉成光滑的面团，盖保鲜膜饧半小时。鸡蛋炒好后，和蔬菜一起切碎备用。

2. 馅料准备好后，取出饧好的面团，搓成长条，切成大小均匀的块，压扁，用擀面杖擀成饺子皮。

3. 取一张饺子皮，放入少量肉馅。

4. 将饺子皮两边向中间对折。

5. 再对折另一边，中间压实。

6. 将相邻的两个边捏实，用手指调整一下 4 个待填顶馅的部分。

7. 分别填入四种颜色的顶馅料。蒸锅中的水沸腾后，将包好的蒸饺放入蒸笼中，中火蒸 8~10 分钟。

贴士

1. 和面时，开水要慢慢加入，不能一次性都倒入。
2. 肉馅要少包些，不然"花瓣"无法张开。

步　骤

糖醋鱼

 食材　黄花鱼（任何刺少的鱼）1条／姜片10片左右／番茄沙司3勺／泰式甜辣酱3勺／糖适量／盐适量／干粉适量／料酒适量／食用油适量

步骤

1. 鱼去鳞，去内脏，正反面切花刀，将姜片塞入切口处，表面淋少许料酒，腌制15分钟。
2. 取出姜片，用厨房纸擦干鱼表面水分，均匀拍一层淀粉，之后把鱼拎起，抖掉多余的淀粉。
3. 锅中放入足量的油，油六成热时，把鱼滑入锅中，用勺子不断将油淋在挨不到油的鱼肉上。
4. 等一面炸好以后，翻另一面，炸至双面金黄酥脆。
5. 按照番茄沙司：泰式甜辣酱：糖=2：2：1的比例调成碗汁。
6. 将调好的碗汁倒入锅中，加入一小碗开水以及适量盐调味，煮沸。
7. 放入炸好的鱼，用勺子将汤汁淋在鱼身上，汤汁熬至浓稠时即出锅。

贴士

1. 一般家庭炸鱼的油量不会完全没过鱼，所以需要不停将热油浇在鱼身上，使鱼定形。
2. 这个配方的糖醋汁，味道会比使用糖和醋调制的口感更丰富，酸甜比例更适中，颜色也更好看。
3. 鱼一定要一面炸得足够酥脆完全定形再翻面，不然容易断裂。

步　骤

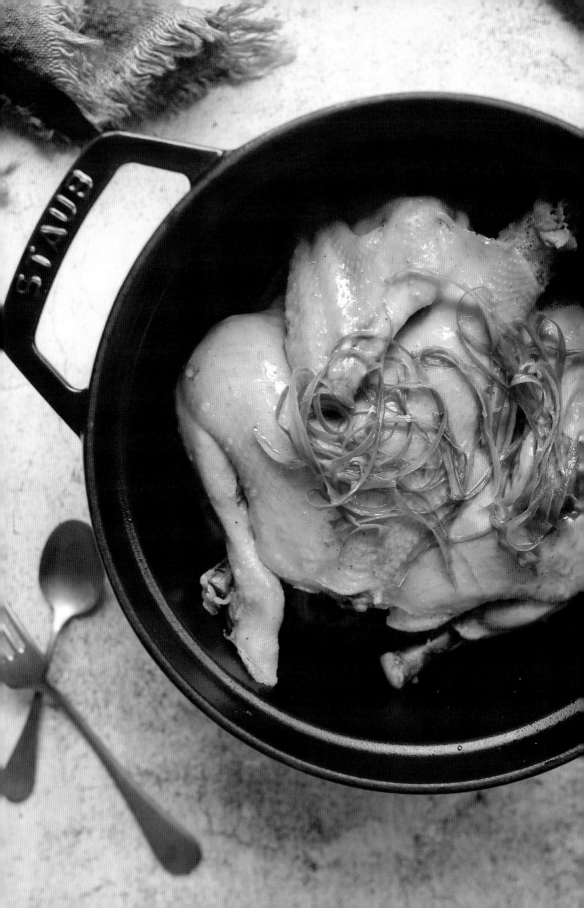

无水葱油鸡

食材　童子鸡 1 只（不超 2 斤）／香葱 1 小把／姜 1 小块／料酒 1 勺／花椒油 1 勺／芝麻油 1 勺／酱油适量／盐适量／胡椒粉适量／食用油适量

步骤

1. 将童子鸡沿腹部切开，取出内脏，切掉鸡屁股，压平。

2. 在鸡身上均匀涂抹盐和胡椒粉，放入葱段和姜片，倒入 1 勺料酒、1 勺酱油，放入冰箱腌制 2 小时。

3. 腌制好的鸡放入锅中蒸 10 分钟逼出血水，洗净。蒸鸡的过程中，在铸铁锅中倒入一层薄薄的食用油，锅底铺满姜片。

4. 在姜片上面厚厚地铺一层葱段。

5. 放入蒸好洗净的鸡，盖上锅盖，中火加热到有蒸气冒出，转小火焖 20 分钟，期间不要打开锅盖。

6. 20 分钟后，打开锅盖，如果用筷子可以轻松穿过鸡肉，就可以关火了。用叉子快速刮葱叶，擦出葱丝，放在鸡身上，淋少许生抽调味。

7. 另起锅放入食用油 2 勺，花椒油、芝麻油各 1 勺，混合烧热，淋在葱丝上。

贴士

1. 鸡尽量选择小的，容易熟，也容易入味。

2. 最好使用铸铁锅，因为全程不加一滴水，完全依靠葱、姜和鸡本身的水分，密封性好可以减少水分流失。

3. 葱和姜的量不要减少，一定要铺满锅底，不然容易糊锅。

步　骤

香辣烤鱼

食材　平鱼 4 条／葱丝适量／姜片适量／料酒适量／豆皮、芹菜、土豆、藕片、西兰花、红椒等配菜适量／洋葱 1/4 个／香菜少许／老干妈辣椒酱 2 勺／豆豉 1 勺／豆瓣酱 1 勺／干辣椒 5 个／花椒 20 粒左右／白砂糖 1 勺／盐适量／食用油适量／生抽适量

步骤

1. 平鱼去除内脏，洗净，双面切花刀。

2. 在切好的平鱼中倒入料酒、生抽，放入盐、葱丝、姜片，腌制半小时。腌制好后，将平鱼转移至铺好锡纸的烤盘中。预热烤箱 200 摄氏度。预热好后，将烤盘置于烤箱中层，烘烤 30 分钟。

3. 将所有配菜洗净切好备用。在鱼烤制的过程中，开始炒配菜。

4. 锅中入油，油五成热时，放入干辣椒、花椒、洋葱丝，翻炒 1 分钟爆香。

5. 放入老干妈辣椒酱、豆瓣酱、豆豉，将配菜依次加入，翻炒均匀。加入糖、适量盐调味，炒至八成熟即可出锅。

6. 鱼烘烤 30 分钟后，取出烤盘，将炒好的配菜连同汤汁一起倒入烤盘中，将配菜覆盖鱼身，放回烤箱继续烘烤 5 分钟。

7. 烘烤时间到，取出烤盘，将鱼身上的配菜拨到两边，放入少许香菜即可。

贴士

1. 炒配菜时，先放不易熟的，后放易熟的，这样成品才能是均匀的脆爽程度。配菜炒至八成熟即可，因为还要入烤箱烘烤 5 分钟，正好完成成熟，不至于太软。

2. 配菜及汤汁倒在鱼身上是为了鱼肉更好地吸收配菜的油和汤汁。

3. 配菜可依个人喜好选择。

步　骤

香辣卤凤爪

 食材　鸡爪 500 克／啤酒半罐／干辣椒 6~8 个／冰糖 12 粒左右／花椒 15 粒左右／八角 4 粒／香叶 2
片／姜 6 片左右／小葱 1/2 根／生抽 2~3 勺／料酒 1 勺／醋 1/2 勺／盐适量／油适量

步骤

1. 鸡爪洗净，剪掉指甲。

2. 鸡爪冷水入锅，放入 1 勺料酒，煮沸后，开盖继续煮 5 分钟，之后捞出沥干水分。

3. 锅中放入适量食用油，油五成热时，放入姜片、葱段，翻炒出香味。

4. 锅中放入冰糖，小火炒至冰糖完全熔化且变成琥珀色。

5. 放入鸡爪翻炒均匀。

6. 放入生抽、醋，翻炒均匀。

7. 加入半罐啤酒及热水，至完全没过鸡爪，放入八角、香叶、花椒、辣椒、盐，煮沸后转小火。

8. 煮至汤汁还剩三分之一时，开大火收汁，收到自己喜欢的汤汁程度即可关火。出锅后撒少许葱花。

贴士

1. 喜欢吃辣的可以把干辣椒换成小米椒。

2. 收汁的时候用铲子翻动几下，鸡爪产生了很多胶质，容易粘锅。

步　骤

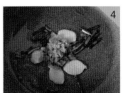

黄瓜牛油果酱虾卷

 食材　黄瓜 1 根／牛油果 1 颗／青虾 8 只／盐少许／黑胡椒少许／柠檬汁 1/2 勺／橄榄油 1 勺

 步骤

1. 青虾去头、去皮以及虾线。

2. 虾仁中加入盐、黑胡椒、柠檬汁，抓匀，腌制 20 分钟。

3. 牛油果去皮切小块，用叉子压成泥，加入少许黑胡椒和柠檬汁，拌匀。

4. 锅中放入 1 勺橄榄油，油五成热时放入腌制好的虾仁，双面煎至变色。

5. 黄瓜用削皮刀刮成长条薄片。

6. 黄瓜片上涂抹拌好的牛油果酱。

7. 在黄瓜片的一头放虾仁，卷起即可。

贴士

1. 牛油果选用熟透的比较容易压成泥。

2. 黄瓜挑选直一些粗一些的比较好卷。

3. 牛油果酱中一定要放柠檬汁，以防牛油果接触空气氧化变色。

步　骤

番茄巴沙鱼浓汤

 食材　巴沙鱼 1 片／番茄中等大小 2 个／豌豆 3 勺／番茄酱 2 勺／橄榄油 2 勺／黑胡椒 1/2 勺／
盐 1/2 勺／糖 1/2 勺／玉米淀粉 1 勺

步骤

1. 巴沙鱼洗净，切成 1.5 厘米见方的小块，加入黑胡椒腌制 20 分钟。

2. 番茄顶部切十字，在开水中烫半分钟，捞出后可轻松去掉外皮。

3. 将腌制好的巴沙鱼放入沸水中氽熟，捞出。

4. 去皮后的番茄切成与巴沙鱼等大的块。

5. 锅中倒入适量橄榄油，油五成热时倒入切好的番茄，不断翻炒。

6. 番茄炒软后，放入番茄酱，再翻炒 1 分钟。

7. 加入适量开水，煮沸。

8. 水开后放入巴沙鱼、豌豆、盐、糖，煮 7 分钟。

9. 1 勺玉米淀粉与 3 勺水混合，倒入锅中，煮至汤汁浓稠，关火出锅。

 贴士

1. 番茄去皮是为了成品口感更好。

2. 番茄尽量炒至番茄酱的状态，成品会更浓稠。

步骤

翠竹报春

 食材　黄瓜2根／鸡胸肉150克／彩椒1/2个／玉米粒2勺／苹果醋2勺／盐少许／橄榄油1勺／葱少许／姜少许

步骤

1. 黄瓜洗净去掉两端，取中间粗细均匀部分，切成8厘米长的段。
2. 将黄瓜的边角、鸡胸肉和彩椒切成小粒。
3. 黄瓜表面用刀划一个长方形，然后掏出瓤，形成如图所示的黄瓜盅。
4. 锅中入少许橄榄油，五成热时，放入少许葱姜末，煸炒1分钟。
5. 放入切好的鸡丁，炒至鸡丁颜色发白。
6. 放入玉米粒，炒熟。
7. 将炒好的玉米和鸡丁盛出，加入彩椒和黄瓜丁，放入少许盐和苹果醋，拌匀。
8. 将黄瓜盅摆盘，用剪刀将边角料的黄瓜皮剪成竹子的形状，作为盘饰。
9. 将拌好的鸡肉蔬菜粒装入黄瓜盅即可。

贴士

1. 黄瓜挑选粗细均匀且比较直的，方便后期造型。
2. 黄瓜盅里面的配菜可以依据自己的喜好添加，也可以不用苹果醋，改用任何你喜欢的调味品。

步　骤

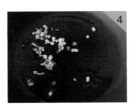

黑蒜子牛肉粒

食材　牛里脊肉 400 克／蒜 2 头

腌肉调料：洋葱 1/2 个／西红柿 1/4 个／生抽 2 勺／料酒 1 勺／黑胡椒 1/2 勺／淀粉 1/2 勺／鸡蛋 1 个／盐 1/4 勺

炒菜调料：黄油 15 克／生抽 2 勺／蚝油 1 勺／糖 1 勺／黑胡椒 1/2 勺

步骤

1. 牛里脊清洗后切成 2 厘米见方的小块。

2. 牛肉块中加入生抽、料酒、盐、黑胡椒、淀粉、一颗鸡蛋的蛋清，用手抓匀。

3. 放入洋葱丝、西红柿丁，抓匀，将菜汁与肉融合在一起，腌制半小时。

4. 将两头蒜去皮。

5. 将炒菜用的生抽、蚝油、糖、黑胡椒调成碗汁。

6. 起油锅，油五成热时放入剥好的蒜瓣，炸至金黄，捞出待用。

7. 将腌好的牛肉放入油锅中炸至表面断生、边缘金黄即可。

8. 另起锅，放入黄油。

9. 黄油融化后放入炸过的牛肉粒，翻炒几分钟，烹入调好的碗汁，翻炒均匀。

10. 放入炸好的蒜，翻炒 2 分钟，即可出锅。

贴士

1. 腌肉的时候，可以放少许香菜根。用菜汁腌肉，成品味道会更丰富。

2. 炒制时间不要太久，否则牛肉口感会不嫩。

3. 临出锅尝一下咸淡，因为之前牛肉已经腌过，所以最后炒制的时候没有额外加盐。

步　骤

三杯鸡

 食材　鸡腿 2 个／姜 7 片／蒜 1 头／葱 1 根／料酒 4 勺／芝麻油 2 勺／亚麻籽油 2 勺／生抽 1/2 勺／老抽 1/2 勺／冰糖 1 勺／罗勒叶少许／干辣椒少许

 步骤

1. 鸡腿洗净切块，冷水下锅，汆 5 分钟后捞出。

2. 汆鸡腿的过程中，按照料酒：酱油：冰糖 =4：2：1 的比例调成碗汁。

3. 姜切块，葱切段，蒜要整瓣。锅中放入芝麻油、亚麻籽油各 2 勺。油五成热时放入姜片爆香。

4. 待姜片边缘金黄时放入蒜瓣，翻炒 1 分钟。

5. 放入葱段和辣椒，炒香。

6. 放入鸡块，翻炒至鸡块表面微金黄。

7. 倒入调好的碗汁，翻炒均匀。

8. 撒少许罗勒叶，盖上锅盖焖 3 分钟即可出锅。

贴士

1. 不要只放一种油，芝麻油和其他油搭配在一起，才会激发出不一样的香味。

2. 最好放鲜罗勒叶，没有的话用干的罗勒叶也可以，味道会稍差些。

3. 烹饪过程中不需要加水。

4. 罗勒叶不需要翻炒，直接放入锅中焖几分钟即可，加热翻炒会使罗勒叶特殊的香味散去。

5. 这道菜不需要额外加盐，临出锅尝一下，如果觉得淡，可以加少量的盐。

步　骤

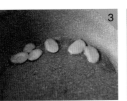

日式咖喱鸡饭

食材　鸡胸肉（或鸡腿）1块（根）／土豆1个／胡萝卜1/2根／青豆2勺／咖喱块4块／牛奶1勺／花生酱1勺／淀粉1勺／盐少许／食用油适量

步骤

1. 鸡胸肉洗净切块，放入淀粉，拌匀待用。

2. 土豆、胡萝卜切成比鸡肉略小的块。

3. 热锅中放入少许油，油五成热时放入切好的土豆和胡萝卜，炒至土豆边缘微金黄，闻到土豆的香味即可。

4. 放入鸡肉，继续翻炒至鸡肉变白。

5. 加入青豆翻炒1分钟。

6. 锅中加入开水，水量刚好没过所有食材。

7. 放入4块咖喱块。

8. 待咖喱块融化后，放入牛奶和花生酱。

9. 煮至汤汁浓稠时，加入少许盐调味，即可关火出锅。

贴士

1. 牛奶和花生酱是这道菜的点睛之笔，一定不能省略。
2. 炖煮过程中要勤翻拌，以免糊锅。

步　骤

虾茸酿苦瓜

 食材　苦瓜1根／青虾6~8只／山药30克／黑木耳20克／胡萝卜20克／枸杞数粒／生抽1勺／盐少许／白胡椒粉少许

步骤

1. 青虾洗净去除虾头、虾壳以及虾线，用刀剁成虾茸。

2. 虾茸中放入盐、白胡椒粉。

3. 木耳、山药、胡萝卜切成小碎粒。

4. 虾茸中加入切碎的木耳、山药、胡萝卜，放入生抽，顺着一个方向搅拌均匀。

5. 苦瓜切成2厘米厚的片，去瓤。

6. 锅中放入适量的水，加少许盐，水开后放入苦瓜，焯2分钟。

7. 焯好的苦瓜捞出放入凉开水中。

8. 苦瓜摆在盘子中，将虾茸填入苦瓜内，放1粒枸杞作为装饰。

9. 蒸锅中加水，水开后放入盘子，中火蒸7分钟即可。

 贴士

1. 苦瓜不要焯太久，容易变黄。同理，苦瓜焯煮后立即放入凉白开也是为了保持其颜色鲜艳。

2. 蒸太久虾茸会变老，苦瓜会变黄，所以要严格控制蒸的时间。

 步　骤

番茄鸡肉焗饭

食材　鸡胸肉 150 克／米饭适量／土豆中等大小 1 个／胡萝卜半根／番茄 1 个／青椒半个／红椒半个／番茄酱 1 勺／黑胡椒适量／盐适量／淀粉适量／马苏里拉芝士适量／食用油适量

贴士

1. 土豆和胡萝卜切得小一些，熟得比较快。

2. 可依据喜好加入青豆、玉米粒之类的辅料。

3. 出炉后趁热吃芝士才会拉丝。

步骤

1. 番茄洗净切块，胡萝卜、土豆洗净去皮切丁。

2. 青椒、红椒切细丝。

3. 鸡胸肉切小块，加入适量淀粉、黑胡椒粉拌匀，腌制 15 分钟。

4. 锅中入油，五成热时，放入鸡胸肉，翻炒至颜色变白。

5. 加入土豆、胡萝卜，继续翻炒 2 分钟。

6. 加入切好的番茄，翻炒至番茄软烂变成酱。

7. 加入 1 小碗水、1 勺番茄酱，盖上锅盖焖煮至土豆、胡萝卜熟透，加入少许盐调味。

8. 焗碗中放入适量米饭，铺平。

9. 将煮好的番茄鸡肉浇在米饭上。

10. 铺一层芝士碎。

11. 在芝士碎上面撒青椒、红椒丝。

12. 再铺一层芝士。预热烤箱上下火 200 摄氏度，预热完成后将焗碗放入烤箱中层，烘烤 15 分钟，至芝士完全融化，表面微焦即可。

步　骤

番茄土豆炖牛腩

食材　牛腩 250 克／番茄中等大小 1 个／土豆中等大小 1 个／洋葱少许／姜 6 片左右／花椒 10 粒左右／八角 2 粒／香叶 2 片／冰糖 10 粒左右／盐 2 勺／生抽 2 勺／老抽 1 勺／食用油 3 勺左右

贴士

1. 加入冰糖是为了中和番茄的酸，也可换成白糖。

2. 番茄分两次放是为了多层次口感，一部分已经煮成汤汁，一部分是软糯的果肉。

3. 汆牛腩的时候，要打开锅盖，这样比较容易去除腥味。

4. 具体炖煮时间依据自家的锅和火力灵活掌握。

步骤

1. 牛腩切块。

2. 用刀在番茄顶部划"十字"，并将番茄在沸水中烫 5 秒钟，捞出后剥去外皮。

3. 土豆切成滚刀块，洋葱切小片。

4. 去皮后的番茄切成与土豆等大的块。

5. 锅中入冷水，放入切好的牛腩，煮沸后捞出。

6. 锅中放入适量油，油四成热时放入土豆块，煎至表面微焦黄，捞出备用。

7. 在煎土豆的油锅中放入花椒、八角、香叶、姜、洋葱，翻炒 2 分钟爆香。

8. 放入切好的番茄的一半，炒至番茄变软。

9. 放入汆好的牛肉，倒入生抽、老抽，翻炒均匀。

10. 锅中加入开水，水量刚好没过食材。放入冰糖和盐，大火煮沸后转小火炖 1 小时。

11. 1 小时后，尝一下牛肉的老嫩程度，煮至比最终成品略硬一些的时候，放入之前煎好的土豆，开盖炖 15 分钟。开盖是为了收汁，如果此时汤汁不是很多，则合盖炖。

12. 放入剩下半份番茄，盖上锅盖焖炖 3 分钟即可出锅。

步　骤

贴士

1.煎鸡翅之前一定要把鸡翅擦干，否则容易溅油。

2.收汁的过程注意勤翻动，以免煳锅。

可乐鸡翅

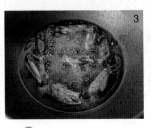

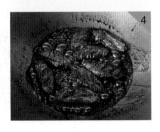

食材　鸡翅8个／可乐1罐／生抽1勺／料酒2勺／生姜4片／盐少许／食用油适量

步骤

1.鸡翅洗净，在表面划几刀，倒入料酒，放入姜片，腌制15分钟。

2.擦掉鸡翅表面水分，锅中入油，油五成热时放入鸡翅，煎至双面金黄。

3.加入可乐、生抽，煮沸后转小火。

4.小火炖至汤汁较为浓稠时，大火收汁，加入少许盐调味，即可出锅。

培根金针菇卷

步　骤

1

2

3

4

🍴 **食材**　培根 5 片／金针菇 150 克／叉烧酱 1 勺

步骤

1. 培根从中间一切两半。

2. 金针菇去蒂，洗净，从中间一切为二。

3. 用培根把金针菇卷起，插入一根牙签固定起来。

4. 烤盘铺锡纸，放入培根卷，在培根表面刷一层叉烧酱。预热烤箱 180 摄氏度。
预热好后，将烤盘置于烤箱中层，上下火烘烤 15 分钟。出炉后取出烤盘，去除牙
签即可。

贴士
　　1. 金针菇洗净后尽量沥干水分，否则成品会很湿。
　　2. 不需要额外加油和盐，培根本身有咸味，也会出油。
　　3. 培根卷也可以放在煎锅中煎。

贴士

食材 豆腐 300 克／咸蛋黄 3 个／淀粉 1 勺／凉开水半碗／盐适量／白酒一勺／食用油适量

1. 蒸咸蛋黄时加入白酒是为了去除咸蛋黄的腥味。

2. 翻炒豆腐的时候一定要轻，以免将豆腐弄碎。

蟹黄豆腐

步骤

1. 豆腐切小块。锅中放入水，待水即将烧开时，放入切好的豆腐，加入少许盐，煮5分钟后捞出沥水。

2. 咸蛋黄中加入1勺高度白酒，放入蒸锅蒸5分钟，之后用叉子压碎备用。

3. 锅中放入少许食用油，油稍热时，放入压碎的咸蛋黄，小火翻炒。

4. 炒至咸蛋黄和油完全融合在一起，放入豆腐，轻轻翻炒均匀。淀粉中加入凉开水，搅拌均匀倒入锅中，煮至汤汁浓稠，撒少许盐调味即可。

芝士手风琴马铃薯

食材　马铃薯中等大小一个／马苏里拉奶酪50克／培根3片／盐适量／黑胡椒适量／食用油适量

步骤

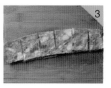

步骤

1. 马铃薯洗净去皮，切片但不切断。切时把筷子垫在马铃薯下面，防止切通。

2. 马铃薯切成0.3厘米左右的片，保持底部有0.5厘米左右连接在一起。

3. 将培根切小段，备用。

4. 在马铃薯缝隙中塞入切好的培根，在马铃薯表面刷一层油。

5. 将马铃薯放入焗碗中，上面撒一层马苏里拉奶酪。预热烤箱上下火200摄氏度，预热好后将焗碗置于烤箱中层烘烤40分钟，出炉后撒上盐和黑胡椒即可。

贴士

1. 尽量选小一些的马铃薯，比较好熟。

2. 马铃薯下部粘连部分太多的话不容易塞进培根，粘连太少容易断，所以切的时候要把握分寸。

3. 烘烤过程中，奶酪上色后要加盖锡纸，避免奶酪烤糊但马铃薯还没熟。

4. 检验马铃薯是否烤熟，可用牙签插入，如果能轻松插入即为烤熟。

食材 长茄子 1 个／猪
肉馅适量／盐 1/4 勺／白糖 2
勺／白醋 3 勺／番茄沙司 3
勺／凉开水 5 勺／淀粉适量／
食用油适量

步 骤

 1

 2

 3

 4

 5

灯笼茄子

步骤

1. 茄子洗净切去两边，从中间平剖成两半。

2. 将剖开的茄子切薄片但不切通，每 6 刀切通一次。

3. 在切口处涂少量淀粉，填入事先拌好的肉馅，尽量饱满一些。

4. 锅中入油，五成热时，缓慢放入茄子，小火炸至表面金黄。

5. 另起锅放少许油，油热后加入番茄沙司、白糖、盐、白醋、凉开水，煮沸
后淋在茄子上即可。

贴士

1. 茄子挑选饱满且比较直的，这样成品比较好看。

2. 每 6 刀切通指的是间隔 5 刀切通一次，保证可以有 5 个夹层。

3. 填入肉馅后，可用手指蘸水，将肉馅表面抹光滑。

4. 炸茄子的过程中需要小火，以免肉馅表皮炸焦而内部不熟。

5. 可以用胡萝卜作一些小盘饰。

秋葵蒸水蛋

鸡蛋 2 个／秋葵 2
根／温开水 200 克／盐少许

步　骤

1

2

3

4

5

 步骤

1. 碗中磕入 2 个鸡蛋。

2. 将鸡蛋打散。

3. 蛋液中加入温开水及少许盐，搅拌均匀。

4. 秋葵切成 3 毫米左右的薄片，放在蛋液上。

5. 蒸蛋盅盖上保鲜膜，放入笼屉中，水开后中火蒸 15 分钟左右即可。

贴士

1. 按此配方做出来的成品很嫩，喜欢吃口感老一些的，酌情减少水的用量。

2. 各家的蒸蛋盅薄厚程度和燃气火力不同，所以蒸蛋时间不是固定不变的，可以用勺子在水蛋中心挖一勺，完全成型没有液体即可。

3. 蒸的过程中不能用大火，不然水蛋底部和表面会有大的孔洞，盖保鲜膜也是为了避免孔洞，让成品更光滑。

43

食材 武昌鱼一条／葱
适量／姜适量／小米椒3根／
蒸鱼豉油2勺／料酒1勺／蚝
油1/2勺／盐1/4勺／胡椒粉
少许／食用油适量

步 骤

孔雀开屏鱼

步骤

1. 将武昌鱼洗净，去除内脏，去头去尾，剪掉鱼鳍，用刀从鱼背切向鱼腹，不切通。

2. 将料酒均匀地涂抹在鱼肉上，葱段、姜丝塞入鱼肉缝隙，腌制20分钟。

3. 取出鱼肉中的葱、姜，另切一些葱、姜垫在盘底，将切好的鱼按一个方向扭转，摆成扇形。放入切下的鱼头，摆出如图所示的造型，放入烧开的蒸锅中蒸8分钟。

4. 取出蒸好的鱼，倒掉盘中的汁水。胡椒粉、蚝油、蒸鱼豉油、盐调成碗汁，淋在蒸好的鱼身上。葱、姜切丝放在鱼身上。小米椒切片点缀在每一片鱼肉尾部。

5. 锅中放入食用油，油烧热后淋在葱姜丝和鱼肉上即可。

贴士

1. 鱼选1斤左右的为佳。

2. 为了摆盘漂亮，鱼肉切片的间隔1.5厘米左右为佳。

3. 一定要注意鱼肉切的方向，连接处是鱼腹，不要切反。

4. 依据鱼的大小调整蒸的时间。

银鱼涨蛋

食材 银鱼 80 克／鸡蛋 3 个／小葱少许／姜片 3~4 片／盐适量

步　骤

 步骤

1. 将 3 个鸡蛋打散，加入适量盐，搅拌均匀。

2. 银鱼用清水洗净。冷水入锅，放入银鱼和姜片，煮沸后捞出银鱼。

3. 将汆过的银鱼晾凉，放入鸡蛋液中。

4. 锅中入油，五成热时，倒入混合了银鱼的鸡蛋液。

5. 轻轻翻炒至蛋液凝固即可出锅，出锅后撒一些葱花。

贴士

1. 炒蛋时，将凝结的鸡蛋轻轻用铲子推开，让中间的蛋液流向锅底，凝结之后再次推开，这样炒出的蛋口感嫩滑，不会有焦色。

2. 银鱼熟得很快，汆水时水沸腾就可以捞出，不然肉质容易变柴。

3. 煮银鱼的时候一定要放姜片，为的是去掉腥味。

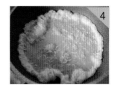

食材 长茄子一根／肉馅适量／鸡蛋1个／盐2克／淀粉2勺／面粉4勺／水适量／椒盐少许／食用油适量

酥炸茄盒

步 骤

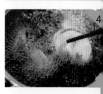

 步骤

1. 茄子洗净，切成0.3厘米的片，每两刀切断。

2. 将拌好的肉馅填入茄片中。

3. 将面粉、淀粉、盐混合，加入鸡蛋和少量的水，调成略稠的面糊。夹好肉馅的茄子裹少许干面粉，放入面糊中均匀地蘸裹一圈。

4. 油五成热时放入蘸裹面糊的茄子，小火炸至金黄，捞出。待油温略升，将炸过的茄子复炸一遍，这样口感会更脆。

5. 在炸好的茄盒表面撒少许椒盐。

贴士

1. 第一次炸的时候用小火保证成熟，复炸的时候用大火保证酥脆。

2. 面糊不能太稀，不然挂不到茄子上。

糖醋排骨

食材　猪肋排 500 克／
生姜 6 片／醋 4 勺／白糖 3
勺／生抽 2 勺／料酒 1
勺／盐 1/3 勺／开水适量／食用油
适量

步　骤

步骤

1. 排骨切小块。

2. 将排骨洗净，冷水入锅，放入排骨煮至颜色发白，捞出。

3. 料酒、生抽、白糖、醋按比例调成糖醋汁备用。

4. 将排骨表面水分擦去。热锅入油，油五成热时放入姜片爆香，之后放入排骨，翻炒至表面呈金黄色。

5. 倒入准备好的糖醋汁，翻炒均匀，加入开水，水量刚好没过排骨。

6. 小火炖半小时，之后转大火收汁。收汁过程中要不停地翻炒，以免煳锅，加入少许盐调味即可出锅。

贴士

1. 料酒：生抽：白糖：醋 =1：2：3：4 可作为万能糖醋汁，用于不同的菜品。喜欢甜味多于酸味的，可以改为 3 份醋，4 份糖。

2. 排骨一定要擦干表面水分再入油锅，以免溅油。

3. 出锅后可撒少许熟芝麻作为点缀。

沙茶白玉菇烩鸡块

 食材　鸡腿 2 个／白玉菇 150 克／沙茶酱 50 克／淀粉 1/2 勺／凉白开 5 勺／白砂糖 1/2 勺／盐适量／食用油适量

步骤

1. 鸡腿洗净，切小块。冷水入锅，放入鸡块，煮沸后捞出，完全沥干水分。
2. 白玉菇洗净去蒂。
3. 锅中放入适量的食用油，油五成热时放入鸡块，翻炒至内部断生，表面微金黄。
4. 加入白玉菇，继续翻炒 2 分钟。
5. 淀粉中加入凉白开以及沙茶酱，拌匀后倒入锅中翻炒 1 分钟，加入适量的盐和糖调味即可出锅。

贴士

1. 如果沙茶酱很浓稠，可以不加入水淀粉。
2. 这里鸡腿也可以换成鸡胸肉。

步　骤

 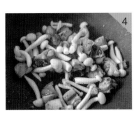 

食材　鸡胸肉一块／芝士片2片／鸡蛋1个／姜片5片／生抽3勺／料酒1勺／低筋粉2勺／黑胡椒少许／面包糠适量／食用油适量

芝士爆浆鸡排

步 骤

步骤

1. 将鸡胸肉从中间横着剖开，剖到底不切断，然后将鸡胸肉完全展开。

2. 用刀背敲打鸡胸肉，敲打至松软。加入生抽、料酒、姜片、黑胡椒腌制半小时。

3. 鸡胸肉腌制好后，夹入芝士片。

4. 将鸡胸肉合好，蘸蛋液，之后滚一层低筋粉，再裹一层面包糠。

5. 炸锅中放入适量的油，油六成热时放入鸡胸肉，炸至表面金黄捞出。待油温稍降，再次放入鸡胸肉炸一次，这样口感会更酥脆。再次沥油捞出即可。

贴士

1. 油温不能太高，否则会表面已经焦了，里面还没熟。

2. 鸡胸肉选择薄一些的，容易熟。

3. 放入芝士之后，尽量把鸡胸肉边缘捏合紧密，防止炸的时候芝士漏出来。

厨房里的幸福食光　| 02 PART

CHUFANG　LI　DE
XINGFU
SHIGUANG　素菜篇

　　此篇的食材都很容易准备，又简单易做，可以百变搭出不同的花样，每日三餐不重样，享受四季带给我们的礼物。让我们感恩大自然的馈赠，让鲜美的味道在唇齿间流淌。

菠萝咕咾豆腐

 食材　豆腐 400 克／青椒 2 个／菠萝 1/4 个／番茄酱 3 勺／糖 1 勺／盐 1/2 勺／淀粉少许（调汁用 1/2 勺）／水 3 勺／食用油适量

步骤

1. 青椒洗净切片。

2. 菠萝切成 2 厘米见方的块。

3. 豆腐切成 2 厘米见方的块。

4. 豆腐块在干淀粉中滚一圈。

5. 锅中放入适量的油，油六成热时放入裹好淀粉的豆腐块，炸至金黄捞出。

6. 将番茄酱、糖、盐、淀粉、水混合均匀。

7. 将混合好的碗汁倒入锅中，煮沸。

8. 放入切好的青椒，翻炒 2 分钟。

9. 放入菠萝，翻炒 1 分钟。

10. 继续放入豆腐，一同翻炒至汤汁浓稠，酱汁均匀地裹在菜上即可。

贴士
1. 豆腐要低温慢炸，以免外部焦黄而内部不熟。
2. 菠萝不要炒太久，不然口感会软且酸。
3. 豆腐不要选择嫩豆腐，容易碎。

步　骤

彩椒烤藜麦香菇

食材　彩椒红黄色各1个／藜麦30克／干香菇15克／青虾2个／胡萝卜1/2根／盐适量／橄榄油适量

步骤

1. 香菇提前泡发好。藜麦煮5分钟，捞出沥水。

2. 青虾去皮去头，煮熟。彩椒切半去瓤，各留一半待用，另一半和胡萝卜、香菇一起切丁。

3. 锅中放入少量橄榄油，油四成热时放入香菇，翻炒1分钟。

4. 放入胡萝卜丁，继续炒2分钟。

5. 放入彩椒和煮好的藜麦，翻炒1分钟，加入适量的盐调味。

6. 将炒好的食材盛入剩余一半的彩椒中，预热烤箱150摄氏度。

7. 烤箱预热好后，将彩椒放在烤网上，置于烤箱中层烘烤十分钟，出炉后将焯好的青虾放在最上面即可。

贴士

1. 因为所有食材均已完全成熟，所以烘烤时间不需要太久，烤至彩椒表面微皱即可。

2. 食材中可以加入其他你喜欢的蔬菜。

步　骤

橙汁冬瓜球

 食材 冬瓜 300 克／橙子 2 个

 步骤

1. 把冬瓜用冰激凌挖球器挖成一个个小球。

2. 锅中放入适量的水，水开后放入冬瓜球，煮至断生。

3. 将冬瓜球捞出，放入凉白开中。

4. 两个橙子榨汁。

5. 将冬瓜球沥水，放入橙汁中。

6. 把盛有橙汁冬瓜球的容器密封，放入冰箱，冷藏 12 小时以上。

贴士

1. 因为各家挖球器大小不同，所以冬瓜球煮熟所需时间也不同，依据冬瓜球大小自行调整煮制时间。冬瓜球不要煮太长时间，不然口感会变软。

2. 鲜榨橙汁做出的成品颜色较浅，味道稍淡。如果选用市售"果珍"加水浸泡冬瓜球，由于色素的原因，冬瓜球的颜色会更鲜艳，味道也会更浓郁。尽管如此，但依然建议选用鲜榨果汁。

步 骤

干煸四季豆

 食材　四季豆 400 克／干辣椒 6~8 个／花椒 15 粒左右／蒜 3 瓣／生抽 1 勺／盐 1/2 勺／糖 1/4 勺／食用油适量

步骤

1. 四季豆去掉两端，掰成 5 厘米左右的长度。

2. 锅中放入油，油五成热时放入四季豆，炸至表面起皱，内部完全成熟。

3. 另起锅，放入少许油，油五成热时放入花椒，爆香后捞出花椒。

4. 放入切好的蒜，炒至表面微金黄。

5. 继续放入辣椒炒香。

6. 放入炸好的四季豆。

7. 加入盐、糖、生抽调味，翻炒均匀即可出锅。

贴士

1. 炸四季豆一定要注意火候，炸不熟的话四季豆中的皂素容易引起食物中毒，炸过火的话口感会柴，一定要小火慢炸。

2. 也可以切一些肉末，在炸蒜之前放入锅中炒香，成品味道会更好。

步　骤

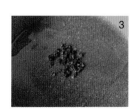

蚝油杏鲍菇

 食材　杏鲍菇中等大小 1 个／小葱 1/2 根／蚝油 2 勺／生抽 1 勺／淀粉 1 勺／凉白开 5 勺／糖 1/2 勺／盐 1/2 勺

步骤

1. 杏鲍菇洗净切成厚度为 0.5 厘米的片。

2. 将杏鲍菇片双面切花刀。

3. 将蚝油、生抽、盐、糖、适量凉白开混合调成碗汁，将 1 勺淀粉加入 5 勺凉白开调匀，待用。

4. 葱切成葱花。锅中入油，油五成热时放入葱花爆香。

5. 倒入杏鲍菇，翻炒至表面微微发黄。

6. 倒入调好的碗汁，翻炒 2 分钟。

7. 加入水淀粉，翻炒均匀即可出锅。

贴士

1. 杏鲍菇片切花刀时一定要轻，不要切断。

2. 翻炒的时候要轻柔，不然切了花刀的杏鲍菇片容易断。

步骤

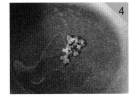

豆豉鲮鱼莜麦菜

食材　莜麦菜 4~5 棵／豆豉鲮鱼罐头 1/2 罐／蒜 6~8 瓣／生抽 1 勺／糖 1/2 勺

步骤

1. 莜麦菜洗净切段。从罐头中取出一条鲮鱼，撕碎。

2. 将蒜切成蒜末。锅中放入少许油，油五成热时，放入一半蒜末，炸至微金黄。

3. 先放入菜梗，炒一分钟后再放菜叶，慢慢翻炒。

4. 炒至菜叶变软，盛盘。

5. 锅中放入剩下的蒜末和豆豉，炒香。

6. 放入撕碎的鲮鱼，加入 1 勺酱油、半勺糖，翻炒 1 分钟，然后将其盛在炒好的莜麦菜上即可。

贴士

1. 炒莜麦菜的时候不放盐，加盐的话菜会变黄且出汁。鲮鱼罐头已经足够咸，加少许酱油即可，不需加额外的盐，莜麦菜和鲮鱼一起入口，咸度正好。

2. 步骤 5 不需要额外加油，因为罐头里的豆豉已经有足够的油。

步　骤

流心藜麦土豆球

食材　土豆中等大小 1 个／藜麦用量为土豆体积的 1/8／马苏里拉芝士适量／沙拉酱 2 勺／黑胡椒 1/2
勺／盐 1/2 勺／面粉适量／鸡蛋液适量／面包糠适量／食用油适量

步骤

1. 土豆去皮切小块，放入锅中蒸至用筷子可以轻松穿过。

2. 藜麦在冷水中浸泡 15 分钟，之后加水煮至藜麦胀大，捞出沥水待用。

3. 蒸好的土豆冷却后用勺子压成泥。

4. 土豆泥中加入藜麦、沙拉酱、盐、黑胡椒，拌匀。

5. 取 10 克土豆泥，搓圆压扁，放入少许马苏里拉芝士，包起来。

6. 将包好芝士的土豆泥团成球形。

7. 藜麦土豆球蘸少许面粉，再裹一圈鸡蛋液。

8. 之后在表面均匀粘一层面包糠。

9. 锅中放入适量油，油六成热时，放入藜麦土豆球，炸至金黄，捞出沥油即可。

贴士

1. 马苏里拉芝士尽量多包一些才会有"流心"的效果。

2. 一定要用土豆泥把芝士完全包裹住，不然炸的时候芝士容易流出。

3. 喜欢特别酥脆口感的话，可以捞出土豆球后，复炸一次。

步　骤

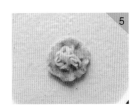

香菇油焖笋

食材　竹笋 250 克／香菇 10 朵左右／老抽 1 勺／生抽 1 勺／白砂糖 1 勺／食用油适量

步骤

1. 竹笋洗净剥去外皮。

2. 将竹笋拦腰切成两半。

3. 旋转 90 度，再沿竹笋长度方向，将其切成两半。

4. 从剖面再次沿同方向切成 4 份，即可成为如图所示的竹笋条。

5. 将切好的竹笋放入开水锅中焯烫 1 分钟，捞出后待用。

6. 锅中入油，油五成热时放入香菇，翻炒 1 分钟。

7. 放入焯好的竹笋，继续翻炒 2 分钟。

8. 烹入生抽、老抽、白砂糖，翻炒均匀。

9. 倒入半碗开水，盖上锅盖焖 3~5 分钟。

10. 打开锅盖，大火收汁即可。

贴士

1. 新鲜竹笋一定要在沸水中焯一下去掉涩味再炒。

2. 竹笋比较吸油，所以这道菜的油量要比平时炒菜多一些。

3. 不喜欢颜色太深的，可以把老抽换成生抽。

步　骤

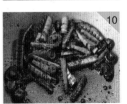

茄汁蟹味菇

食材　蟹味菇200克／番茄中等大小1个／番茄沙司2勺／淀粉1勺／水5勺／盐适量／食用油适量

步骤

1. 蟹味菇洗净去蒂。
2. 番茄洗净去皮，切小块。
3. 碗中放入1勺淀粉、5勺水，拌匀。
4. 热锅中倒入少许食用油，油五成热时放入番茄。
5. 翻炒至番茄变软成番茄酱，加入番茄沙司，炒匀。
6. 放入蟹味菇翻炒2分钟，之后盖上锅盖焖3分钟。
7. 将水淀粉倒入锅中，加适量的盐调味，煮沸后出锅。

贴士

1. 番茄一定要炒到没有块状，这样成品口感会更好。
2. 番茄和番茄沙司是不同的味道，两者缺一不可。

步　骤

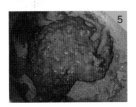

蔬菜豆腐丸子

 食材　豆腐 200 克／面粉 80 克／胡萝卜 50 克／香菇 10 朵左右／油菜 1 棵／鸡蛋 1 个／胡椒粉适量／盐适量

步骤

1. 豆腐用刀剁碎，放入搅拌碗中。

2. 将泡发好的香菇切小粒，胡萝卜、油菜切丝。

3. 将切好的豆腐、香菇、胡萝卜、油菜混合，磕入一个鸡蛋。

4. 加入面粉、胡椒粉、盐，搅拌均匀。

5. 将混合好的食材团成球形，放入章鱼小丸子机。

6. 一面烤好后翻另一面，直至完全烤熟。出锅后可淋番茄酱或任何你喜欢的酱汁。

贴士

1. 豆腐不要选用嫩豆腐。

2. 胡萝卜丝切的尽量细一些，不然团成球形时不好弯折。

3. 食材中也可以加入其他蔬菜。

步　骤

酸辣藕带

 食材　藕带 200 克／蒜 2 瓣／姜 3 片／葱 1/2 根／花椒 25 颗左右／小米椒 3 根／白醋 2 勺／糖 1 勺／盐适量／食用油适量

 步骤

1. 姜、蒜切片，小米椒滚刀切条。

2. 藕带斜切成段。

3. 锅中入油，油五成热时放入花椒，炸至有香味冒出，将花椒滤出。

4. 锅中放入蒜、姜、小米椒，翻炒 1 分钟爆香。

5. 放入切好的藕带，翻炒 1 分钟。加入白醋、糖、盐，继续翻炒 2 分钟。

6. 撒入切好的葱花，翻炒均匀即可出锅。

贴士

1. 藕带斜切是为了增大接触面积，这样成品会更入味。

2. 小米椒滚刀切条是为了去除籽。

步　骤

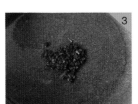

响油芦笋

 食材　芦笋 300 克／小米椒 3~5 个／蒜 5~6 瓣／芝麻油 2 勺／花生油 2 勺／生抽 1 勺／白糖 1/2 勺／盐 1/4 勺／水 80 克

 步骤

1. 芦笋洗净，去掉根部老茎。

2. 将切好的芦笋放入沸水中焯 2 分钟，之后捞出放入凉白开中。

3. 芦笋冷却后摆盘。

4. 锅中放入生抽、糖、盐、水，煮沸。

5. 将煮沸的料汁浇在芦笋上。

6. 将蒜切成蒜末，和小米椒一起洒在芦笋上。

7. 锅中放入芝麻油和花生油，烧至八成热。

8. 将热油浇在蒜末和小米椒上。

贴士

1. 芝麻油一定要和另一种食用油混合才能激发出香味。

2. 芦笋焯熟放入凉白开中是为了保持绿色。

步　骤

 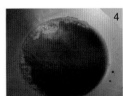

咸蛋黄焗南瓜

 食材　南瓜 500 克／咸蛋黄 3~4 个／高度白酒 1 勺／淀粉 50 克／白砂糖 1/2 勺／盐适量／食用油适量

步骤

1. 南瓜洗净，削去外皮，切成条。

2. 南瓜条中放少许盐，腌 10 分钟。

3. 咸蛋黄中加入 1 勺高度白酒，放入蒸锅蒸 5 分钟，之后用叉子压碎备用。

4. 腌好的南瓜会出些许汤汁，倒掉汤汁，用清水洗掉表面盐分。沥干水分，倒入淀粉拌匀。

5. 锅中入油，油五成热时放入南瓜条，炸熟，捞出沥油。

6. 另起锅，放入少许食用油，油温稍热，放入压碎的咸蛋黄，小火翻炒。

7. 炒至咸蛋黄和油完全融为一体，倒入炸好的南瓜条，翻炒均匀，加入糖和盐调味即可。

贴士

1. 蛋黄加白酒蒸熟是为了去除蛋黄的腥味。

2. 南瓜腌完洗掉表面盐分是为了较好地控制总盐量，这样成品不会太咸。

步　骤

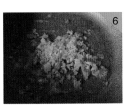

香煎藕饼

 食材 莲藕 300 克／鸡蛋 1 个／面粉 30 克／盐适量

步骤

1. 莲藕洗净，用刨丝器刨成丝。
2. 蛋清蛋黄分离。
3. 将莲藕丝的水分挤干，加入蛋清。
4. 加入面粉以及适量的盐，搅拌均匀。
5. 将拌好的莲藕丝揉成团，压扁。
6. 锅中放入少许油，油五成热时放入藕饼。
7. 煎至颜色变黄后，翻面煎另一面，煎至双面金黄即可。

贴士

1. 藕丝一定要擦干水分，不然不容易揉成团。
2. 藕丝中也可以加入少许香菜末。藕饼煎好后，可以撒孜然、椒盐等。

步 骤

脆皮日本豆腐

🍲 食材　日本豆腐 4 条／香菇 6 朵／小米椒 3 根／蒜 2 瓣／葱 1/2 根／淀粉适量／生抽 1 勺／蚝油 1/2 勺／糖 1/2 勺／盐 1/2 勺／白胡椒粉 1/4 勺

👨‍🍳 **贴士**

1. 日本豆腐炸至表面金黄即可，不要炸太久。
2. 翻炒日本豆腐时要轻一些，以免炒碎。

步骤

1. 日本豆腐去掉包装，每条切成六等份。

2. 将适量淀粉加入日本豆腐中，拌匀。

3. 锅中放入适量食用油，油五成热时放入日本豆腐，炸至表面金黄，沥油捞出备用。

4. 香菇切丁，小米椒、葱、蒜切碎备用。

5. 将生抽、蚝油、糖、盐、白胡椒粉调成碗汁，1 勺淀粉加 3 勺水调成淀粉糊备用。

6. 锅中放入少许油，油五成热时加入葱、蒜煸炒出香味。

7. 加入香菇，翻炒 2 分钟。

8. 加入小米椒，继续翻炒 1 分钟。

9. 加入炸好的日本豆腐。

10. 倒入调好的碗汁，轻轻翻炒均匀。

11. 倒入淀粉糊，翻炒均匀即可出锅。

步　骤

越南春卷

 食材　越南米纸 6 张／青虾 6 只／鸡蛋 1 个／黄瓜 1/2 根／胡萝卜 1/2 根／白萝卜 1/2 根／火腿肠 1/
根／鱼露 2 勺／柠檬汁 1/2 勺／小米椒 1 个

贴士

1. 米纸浸泡时间过长或水温过热，会破裂。

2. 米纸不能同时浸泡，即卷即泡。

3. 蘸料可依自己口味调整。

4. 做好的春卷如果不及时食用，需用保鲜膜覆盖，以免米纸变干。

步骤

1. 鸡蛋打散，平底锅加少许油，油三成热时，倒入蛋液，摊成鸡蛋饼皮。

2. 将各类蔬菜洗净，和火腿肠、蛋饼一起切成等长的细丝。

3. 青虾洗净去虾线，在沸水中煮熟，从中间片成两半。

4. 将越南米纸在温水中浸泡 30 秒。

5. 小心取出米纸，平铺于砧板上。

6. 放上煮熟的青虾，切口一面向上。

7. 依次放入各类蔬菜丝和火腿肠丝。

8. 将米纸底边向上叠起。

9. 依次叠起左右两边。

10. 从底边向上顺势卷起。

11. 小米椒切片放入料碟，倒入准备好的鱼露、柠檬汁，蘸食即可。

步　骤

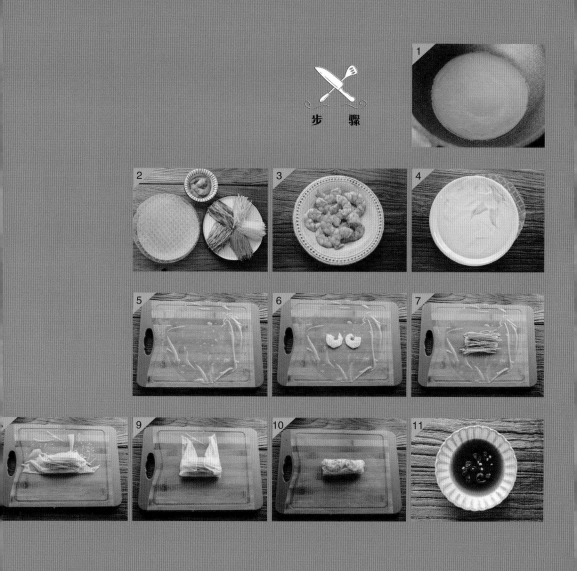

菊花豆皮

 食材　豆皮1张／胡萝卜1根／黄瓜1根／香油4~5滴／盐1/2勺

贴士

1.挑选黄瓜和胡萝卜时，要粗细差不多的。

2.焯豆皮时已经有盐和香油，喜欢口味重的可以淋自己喜欢的汁。

3.豆皮切得细一些，成品会比较好看。

步骤

1. 将豆皮切成长方形，向内对折，一边占 3/5，另一边占 2/5。

2. 沿对折中线切开。

3. 锅中加入适量水，煮沸后放适量盐、几滴香油，放入切好的豆皮煮 2 分钟。

4. 黄瓜和胡萝卜切去两端，留中间粗细均匀部分。

5. 黄瓜、胡萝卜从中间剖开。

6. 切成如图所示的夹片，中间不切断。

7. 将切好的黄瓜和胡萝卜依次插起来，作为盘饰。

8. 将煮好的豆皮叠放在一起，窄的在上。

9. 从折叠的一侧切小条，不要切通。

10. 沿一侧卷起。

11. 用牙签固定尾部。

12. 将卷好的豆皮散开，插牙签部分在下面，点缀小米椒或者胡萝卜切成的小花即可。

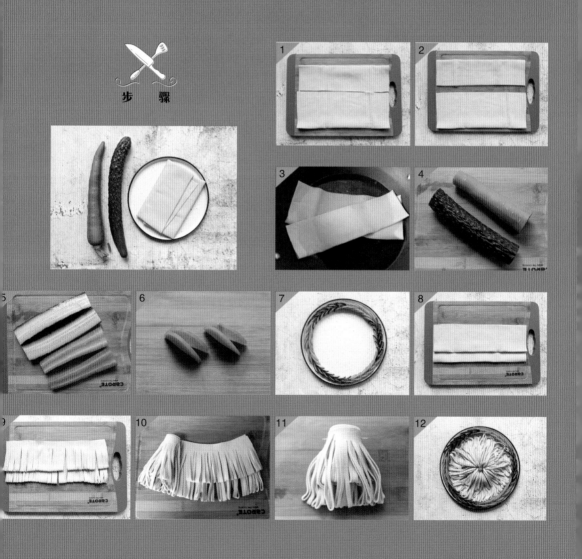

干锅菜花

食材 菜花 1/2 个／蒜 3 瓣／葱 1/2 根／剁椒 1 勺／郫县豆瓣酱 1 勺／生抽 1/2 勺／糖 1/2 勺／食用油适量

步骤

 步骤

1. 将菜花掰成小块，洗净。

2. 锅中放入适量食用油，油五成热时，放入切成末的葱和蒜，翻炒 2 分钟。

3. 加入剁椒和郫县豆瓣酱，继续翻炒 1 分钟。

4. 加入洗好的菜花、生抽、糖，翻炒 2 分钟，盖上锅盖焖 1 分钟即可出锅。

1. 可以在炒葱、蒜之前，炒几片五花肉，煸出油后再放入葱和蒜。

2. 剁椒可以换成小米椒。

贴士

荷塘小炒

适量／百合半颗／蒜一瓣／盐适量／食用油右／胡萝卜 1/3 根／木耳适量／玉米粒适食材　莲藕 200 克／荷兰豆 10 个左

步　骤

1

2

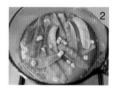
3

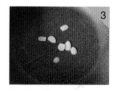
4

 步骤

1. 木耳提前泡发好,荷兰豆洗净剪去两头,莲藕、胡萝卜洗净切片,百合分成片。

2. 锅中加入清水,加几滴油和 2 克盐。煮沸后先放入胡萝卜、莲藕和木耳,焯 1 分钟捞出,再放入荷兰豆和玉米粒,焯半分钟,捞出沥水。

3. 锅中放入少许油,油五成热时,放入切好的蒜,爆香。

4. 放入焯好的菜,翻炒 2 分钟,加入适量的盐调味即可出锅。

贴士

1. 所有食材都不要焯太久,也不能炒太久,否则口感会不脆爽。
2. 食材中还可以加入山药、荸荠等。

凉拌金丝绿柳

食材　豆苗 100 克／新鲜虫草花 50 克／熟芝麻 1 勺／芝麻油 1 勺／盐适量

步骤

1. 豆苗洗净，倒入沸水中焯 1 分钟，捞出后放入凉白开中备用。

2. 在焯豆苗的水中放入新鲜虫草花，焯 2 分钟，捞出沥水。

3. 将焯好的两样食材混合，加入 1 勺芝麻油、适量盐，拌匀。再在表面撒 1 勺熟芝麻即可。

清炒莴笋丝

食材 莴笋中等大小1根／小米椒2个／食用油适量／盐适量

步骤

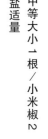

1

2

3

4

步骤

1. 莴笋削去外皮，洗净切丝。

2. 小米椒切片。

3. 锅中放入少许油，油五成热时放入小米椒爆香。

4. 放入莴笋丝大火快速翻炒，加入适量的盐，炒至莴笋丝稍变软即可出锅。

1. 莴笋不要切得太细，否则成品口感会不脆爽。

2. 莴笋丝要大火快速翻炒，不要炒太久。

贴士

牛油果烤蛋

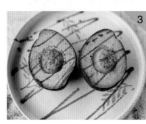

食材　鸡蛋2个／牛油果1颗／黑胡椒适量／盐适量

步骤

1. 牛油果对半切开，沿着刀口旋转即可去除核。

2. 鸡蛋破壳取出蛋黄，放在牛油果核的位置，表面撒上适量的盐和黑胡椒。

3. 预热烤箱180摄氏度。预热好后，将牛油果放置于烤箱中层，加热15分钟。出锅后可依据自己喜好淋番茄酱、甜辣酱。

话梅小番茄

食材 小番茄 500 克／话梅 90 克／冰糖 40 克／柠檬汁 10 克／水 500 克

步 骤

步骤

1. 将话梅与冰糖放入 500 克水中煮沸，至冰糖完全融化，之后晾凉待用。

2. 话梅水晾凉过程中，将小番茄洗净，放入沸水中焯 10 秒左右，表皮裂开后立刻捞出，放入凉水中。

3. 沿裂口处剥掉番茄表皮，放入无油无水的密封容器中。

4. 话梅水晾凉后，连同话梅一起倒入盛有番茄的容器中，加入柠檬汁，密封放入冰箱冷藏腌制一夜。

贴士

1. 一定要等话梅水晾凉后再倒入番茄中。

2. 焯番茄的时候，时间不要超过 15 秒，否则营养流失的同时口感会变差。如果番茄表面没有开裂，用刀划一个小口，表皮就会自然卷曲。

91

情人的眼泪

贴士

1. 喜欢吃鲜味的可以不加任何调料。
2. 食用成品的时候，可以先喝那一汪汤汁，再吃口蘑，味道非常鲜美。

食材　口蘑适量／盐少许／黑胡椒少许

步骤

1. 口蘑洗净，去掉蘑菇柄。

2. 将口蘑倒置，蘑菇柄位置朝上，放入烤盘。口蘑盖中撒少许盐和黑胡椒。预热烤箱200摄氏度。预热好后将烤盘放入烤箱中层，烘烤15分钟，至口蘑中心出汁即可。

豇豆花

食材　豇豆 10 根左右／
牛肉酱适量／食用油少许

步　骤

步骤

1. 豇豆洗净，切去末端。锅中加水，放入几滴食用油，水沸腾后放入豇豆，焯 2 分钟，捞出放入凉白开中。

2. 取一根豇豆，将其打一个松松的结。

3. 将豇豆的两头分别再次穿过圆圈，重复此步骤，直至豇豆还剩 2 厘米左右。

4. 将豇豆两头的剩余部分塞进结里隐蔽起来。

5. 豇豆收口处向下摆在盘中，中心放入少许牛肉酱即可。

贴士

1. 豇豆一定要焯熟，但焯过了的话口感会变软变黏。

2. 焯豇豆时放几滴食用油以及焯完后立即放入凉白开中，都是为了保持豇豆的绿色。

食材 金针菇 200 克／鸡蛋一个／淀粉适量／椒盐适量／孜然粉适量／食用油适量

椒盐金针菇

步 骤

步骤

1. 金针菇整颗洗净，去掉一部分蒂。用刀将金针菇从蒂向伞盖方向片成半厘米厚的片状。

2. 鸡蛋打散，把金针菇在蛋液中蘸一下。

3. 将粘裹蛋液的金针菇放入淀粉中滚一圈。

4. 锅中入油，油五成热时，放入裹好蛋液和淀粉的金针菇片，小火炸至金黄，捞出沥油。

5. 在炸好的金针菇表面撒椒盐和少许孜然粉即可。

贴士

1. 金针菇入油锅后，用筷子将金针菇拨散一些，成品造型会比较蓬松。

2. 炸的过程中全程小火，炸至金黄色即可，炸太久口感会干。

94

白灼秋葵

食材　秋葵 14~18 根／
食用油 1 勺／芝麻油 1 勺／蚝
油 1 勺／酱油 1 勺／糖 1/2 勺／
盐 2 克

步　骤

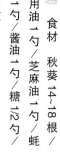

1

2

3

4

5

步骤

1. 秋葵洗净。锅中放入适量清水，加入几滴食用油和 2 克盐，水开后放入整根秋葵，焯 3 分钟。

2. 将秋葵捞出后立即放入凉白开中。

3. 秋葵切下柄部扔掉，切掉头，如图所示按放射状摆盘，将秋葵中段切片摆在盘中央。

4. 食用油、芝麻油、蚝油、酱油、糖调成碗汁，倒入锅中，煮至冒泡关火。

5. 将煮好的碗汁淋在摆好盘的秋葵上即可。

贴士

1. 芝麻油和食用油混合烧热才可以更好地释放香味。

2. 焯秋葵时放几滴食用油和盐以及焯完后立即放入凉白开中，都是为了让秋葵的颜色更绿。

3. 喜欢辣味的可以加少许辣椒油。

食材　鸡蛋2个／玉米淀粉一勺／洋葱一个／胡萝卜少许／秋葵少许／玉米粒少许／盐适量／白胡椒粉适量／食用油适量

洋葱圈蛋饼

步骤

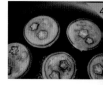

步骤

1. 将洋葱切片，去掉中心部分，只留最外两层洋葱圈。胡萝卜切丁，秋葵切片。

2. 将鸡蛋打散，加入玉米淀粉、盐和白胡椒粉搅拌均匀。

3. 将胡萝卜、玉米粒放入鸡蛋液中。

4. 锅中放少许油，油五成热时放入洋葱圈，将蛋液用勺子舀入洋葱圈内，撒几片秋葵做装饰，待表面凝固即可出锅。

贴士

1. 洋葱圈要切齐，不然蛋液容易从下方流出。

2. 洋葱圈要保留两层，不然容易断。

3. 如果洋葱切得比较厚，煎制过程中盖上锅盖焖一会儿，熟的会比较快。

糖醋藕条

食材　新鲜莲藕一节／面粉3勺／陈醋2勺／生抽1勺／糖1勺／番茄酱1勺／淀粉1勺／水2勺／熟芝麻少许／食用油适量

步　骤

步骤

1. 莲藕洗净去皮，切成手指粗细的条。

2. 莲藕在面粉中滚一圈，利用其表面水分，裹上面粉。

3. 锅中入油，油六成热时放入裹了面粉的莲藕，炸至金黄。

4. 捞出莲藕用吸油纸吸掉多余油分，将生抽、陈醋、糖、番茄酱、淀粉、水混匀，放入锅中煮开。

5. 放入炸好的莲藕，翻炒均匀，使莲藕裹匀汤汁，撒上熟芝麻即可出锅。

贴士

1. 面粉不需要裹太多，薄薄裹一层就可以。

2. 炸的时间不要太久，不然口感会干。

时蔬鲜菇盏

 食材　馄饨皮 8~10 张／蟹味菇 200 克／玉米粒 50 克／青豆 50 克／香菜叶少许／盐适量／黑胡椒适量／食用油适量

步骤

1. 馄饨皮表面刷一层食用油，将其放入蛋挞模中。
2. 预热烤箱 180 摄氏度。预热好后，将刷好油的馄饨皮放入烤箱中层烘烤 10 分钟。
3. 锅中放入少许食用油，油五成热时放入青豆、玉米粒，翻炒 2 分钟。
4. 加入蟹味菇，继续翻炒 2 分钟，加入适量盐、黑胡椒调味。
5. 将炒好的菜盛入烤好的馄饨皮中，加入香菜叶点缀即可。

贴士

1. 馄饨皮表面一定要刷油，这样成品才会酥脆。
2. 馄饨皮入烤箱之前，整理一下形状，成品效果会更好看。

步　骤

步骤

雪碧浸苦瓜

步骤

1. 苦瓜从中间平剖成两半，用勺子挖去白瓤。

2. 将去瓤的苦瓜切片。

3. 锅中加水煮沸，放入少许盐、几滴香油，之后放入苦瓜，焯1分钟。

4. 苦瓜捞出后立即放入凉白开中。

5. 将冷却的苦瓜沥水盛盘，倒入雪碧和蜂蜜，搅拌均匀，放入枸杞和柠檬片，盖上保鲜膜放入冰箱腌制两小时以上即可。

贴士

1. 焯苦瓜时放入盐和香油以及苦瓜捞出后立即放入凉白开中，都是为了保持苦瓜的颜色翠绿不变黄。

2. 喜欢苦瓜原味的话，可以少腌制一会儿，腌制时间越长，苦味越淡。

03 PART

第
三
部
分

厨房里的幸福食光　**03 PART**

CHUFANG　LI　DE
XINGFU
SHIGUANG　**甜品篇**

　　本篇针对烘焙新手推出，由浅入深地带你走进甜品王国，让你轻松烹制出无论外观还是味道都堪比五星级酒店的甜品。悠闲的午后时光，沏一杯咖啡，享受这些健康美味的甜品吧，感受它柔软的口感、甜蜜的味道，让自己的生活甜一点，再甜一点……

蔓越莓麦芬蛋糕

食材　低筋粉 200 克／白砂糖 90 克／玉米油 65 克／牛奶 60 克／泡打粉 6 克／鸡蛋 2 个／香蕉中等大小 2 根／蔓越莓干 100 克（其中 30 克用于顶部装饰）

步骤

1. 香蕉去皮，用勺子碾或用料理机打成泥。

2. 牛奶中加入玉米油。

3. 牛奶和玉米油隔水加热乳化至看不到油花。

4. 鸡蛋打散。

5. 将鸡蛋、香蕉泥、糖倒入乳化好的牛奶和玉米油中，搅拌均匀。

6. 筛入称量好的低筋粉和泡打粉，搅拌均匀。

7. 将 70 克蔓越莓干切碎，放入面糊中。

8. 将蔓越莓干和面糊拌匀。

9. 将面糊倒入麦芬纸杯中，七分满即可，预热烤箱上下火 180 摄氏度。

10. 将剩余的 30 克蔓越莓干均匀地撒在面糊表面。将纸杯放入预热好的烤箱中，烘烤 25 分钟，用牙签插入，拔出牙签上面干净不粘有面糊即为烤熟。

贴士

1. 成品约为六杯。

2. 第六步搅拌面糊时，拌匀即可，不要过度翻拌，以免面糊起筋导致蛋糕组织粗糙。

3. 香蕉选用完全成熟的，比较容易压成泥。

步　骤

蛋白糖

食材　蛋白 30 克／细砂糖 30 克／奶粉 5 克／玉米淀粉 3 克／柠檬汁 3~5 滴

步骤

1. 鸡蛋破壳，将蛋清蛋黄分离。

2. 蛋清中加入细砂糖和柠檬汁。

3. 用电动打蛋器将蛋白硬性打发，即拔出打蛋器，打蛋头上可以形成一个笔直的小尖角。

4. 打好的蛋白中筛入奶粉和玉米淀粉，用刮刀翻拌至均匀无颗粒。

5. 裱花袋中放入中号八齿裱花嘴，装入蛋白糊。

6. 将蛋白糊均匀地挤到烤盘上。预热烤箱上下火 100 摄氏度，预热好后将烤盘放入烤箱中层，烘烤 45 分钟，关火用余温焖 5 分钟即可出炉。

贴士

1. 蛋白糖晾凉后应立即放入保鲜盒密封，因为蛋白糖很容易吸潮，口感会不酥脆。

2. 打发蛋白要保证打蛋盆无油无水，蛋白一定要硬性打发，不然成品会没有棱角。

3. 加入粉类之后一定要翻拌，不能搅拌，否则容易消泡。

4. 不是不粘烤盘的话要垫油纸，出炉后晾凉才能拿下蛋白糖。若晾凉后，蛋白糖粘在油纸上不好拿，说明没有烤透，烘烤时间应该适当延长。

步　骤

韩式土豆饼

 食材　土豆 220 克／鸡蛋 1 个／糯米粉 30 克／牛奶 10 克／盐 2 克／小葱少许／食用油适量

 步骤

1. 土豆洗净去皮切块，放入蒸锅中蒸至可以用筷子轻松穿过。

2. 将蒸好的土豆用叉子压成土豆泥。

3. 土豆泥中加入鸡蛋、牛奶、盐。

4. 搅拌至顺滑无颗粒感。

5. 加入糯米粉揉成面团。

6. 将面团搓成条状，切成大小均匀的块。

7. 取一份面团，搓圆压扁，表面撒少许葱花，轻压将葱花嵌入土豆饼中。

8. 锅中放少许食用油，油五成热时放入土豆饼，小火煎至双面金黄。

 贴士

1. 面团的软硬程度是成团且不粘手，如果粘手，可再加一些糯米粉。

2. 煎的过程一定要小火，否则表面容易焦。

步　骤

黄金椰蓉球

食材 椰蓉 100 克／低筋面粉 30 克／黄油 60 克／细砂糖 30 克／牛奶 20 克／蛋黄 2 个

步骤

1. 黄油室温软化至可以轻松按一个指印。

2. 加入细砂糖，用电动打蛋器打发至体积变大，颜色发白。

3. 分四次加入蛋黄，边加边搅拌，每次都要等到蛋黄被完全吸收后再加。

4. 分三次加入牛奶，依然是边加边搅拌，完全吸收之后再加。

5. 加入椰蓉，用刮刀拌匀。

6. 筛入低筋面粉。

7. 将低筋面粉和黄油椰蓉翻拌均匀至无干面粉。

8. 将混合好的面团分成 8 克左右的小面团，搓圆，在表层滚一层椰蓉，放入烤盘。

9. 预热烤箱上下火 175 摄氏度。预热好后，将烤盘放入烤箱中层，烘烤 15 分钟，烤至椰蓉球呈金黄色即可。

贴士

1. 刚烤出的椰蓉球比较软，晾凉后就会变得酥脆。

2. 搓椰蓉球的时候，如果面团很粘手，可以把面团放入冰箱冷藏 10 分钟。

3. 烘烤过程中要勤观察，依据自家烤箱调整温度，成品应该是金黄色的，颜色发白表示温度不够，当然颜色太深就是温度太高了。

步骤

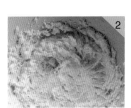

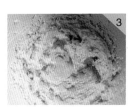

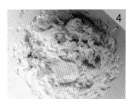

蓝莓酥粒小方

 食材 饼底及酥粒部分：低筋面粉 120 克／黄油 60 克／细砂糖 20 克　蓝莓夹心部分：蓝莓 100 克／面粉 15 克／细砂糖 15 克／水 10 克

 步骤

1. 黄油软化至可以轻松按一个指印。将饼底及酥粒部分所用的黄油和低筋面粉、细砂糖混合，用手搓成如图所示的小颗粒状。

2. 取 2/3 的酥粒放入 6 寸戚风蛋糕模具中，用勺背压实。

3. 蓝莓与面粉、细砂糖、水混合均匀。

4. 将混合好的蓝莓均匀地铺在饼底上。

5. 将剩余 1/3 的酥粒洒在蓝莓上。预热烤箱上下火 180 摄氏度。

6. 将模具放在预热好的烤箱中层，上下火烘烤 30 分，冷却后脱模切小块食用。

贴士

1. 混合黄油和低筋面粉时，轻轻揉搓至无干面粉即可，过度揉搓容易搓成大块，而不是小颗粒的状态。
2. 饼底一定要压实，不然切的时候容易碎裂。
3. 依据自家烤箱情况适当调节烘烤温度以及时间，成品应该是金黄色的，不要烤焦了。

步　骤

玛德琳蛋糕

 食材　低筋面粉 80 克／全蛋液 95 克／黄油 80 克／细砂糖 60 克／泡打粉 2 克／盐 1 克

步骤

1. 全蛋加入细砂糖搅打均匀。

2. 低筋面粉中加入盐和泡打粉，一起筛入鸡蛋液中。

3. 将面糊翻拌至均匀无颗粒。

4. 黄油隔水加热至完全融化，放至室温。

5. 将放至室温的黄油加入面糊中，翻拌均匀。之后放入冰箱冷藏 1 小时。

6. 将冷藏好的面糊装入裱花袋，挤入模具中，八分满。预热烤箱上下火 180 摄氏度，预热好后放入烤盘，烘烤 20 分钟即可。

贴士

1. 成品为直径 7 厘米左右的玛德琳蛋糕 12 粒。

2. 烘烤温度和时间依据自家烤箱做细微调整。

3. 面糊一定要冷藏，这样成品才会有饱满的"小肚子"。

步　骤

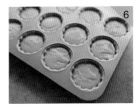

黄油曲奇

食材 黄油 70 克／低筋面粉 55 克／中筋面粉 50 克／细砂糖 20 克／糖粉 20 克／鸡蛋液 25 克／牛奶 0 克／盐 1 克

步骤

1. 黄油室温软化至软膏状，用电动打蛋器打发至颜色稍发白。

2. 黄油中加入 1 克盐，将细砂糖和糖粉混合，分 3 次加入黄油中，边加边用电动打蛋器搅拌，每次都要等糖完全混匀后再加。

3. 分 3 次加入鸡蛋液，依然是边加边用电动打蛋器搅拌，混匀后再加。

4. 用同样的方法，分两次加入牛奶。

5. 中筋面粉和低筋面粉混合均匀，筛入黄油中，用刮刀翻拌均匀。

6. 裱花袋装入曲奇花嘴，将面糊盛入裱花袋。

7. 将曲奇挤在烤盘上，预热烤箱上下火 180 摄氏度。预热好后，将烤盘置于烤箱中层，烘烤 15~18 分钟，烤到边缘金黄即可。

贴士

1. 鸡蛋液如果从冷藏室中取出，需要回温至室温再加入黄油，不然容易导致油水分离。

2. 黄油不要打发过度，全程控制在 5 分钟以内。

3. 细砂糖和糖粉缺一不可，只用糖粉的曲奇，延展性差，成品不太酥松；只用细砂糖的曲奇，延展性太强，成品花纹不立体。

4. 挤在烤盘里的曲奇尽量保持大小一致，这样成品成熟度才会均匀，不会出现有的没上色，有的已经烤糊的情况。

5. 不是不粘烤盘的话，需要在烤盘中垫一张油纸。

6. 依据自家烤箱细微调整烘烤温度和时间。

步 骤

奶油南瓜浓汤

食材　南瓜 300 克／牛奶 200 克／淡奶油 50 克／白砂糖 3 勺／盐 1/4 勺

步骤

1. 南瓜去皮切小块，放入蒸锅中蒸至软糯。
2. 料理机中放入蒸好的南瓜、牛奶、白砂糖、盐，打成南瓜糊。将南瓜糊倒入锅中。
3. 小火加热南瓜糊，边加热边搅拌，煮沸后加入淡奶油，搅拌均匀，熬煮至自己喜欢的浓稠程度，关火。
4. 将熬好的南瓜糊盛入碗中。
5. 如图所示，用小勺将淡奶油滴在南瓜糊表面。
6. 用牙签沿同一方向从各个淡奶油点中拉过，即可成为一个个爱心形状。

贴士

1. 南瓜选水分少、粉糯一些的，成品口感会比较好。
2. 加入盐是为了调味，千万不可加多。
3. 熬煮南瓜糊的过程中，要不停搅拌，以免糊锅。

步　骤

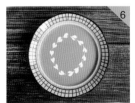

盆栽酸奶

食材　酸奶 200 克／奥利奥饼干 5~6 片／芒果适量

步骤

1. 芒果去皮去核，切小粒。
2. 将芒果粒与酸奶混合，装入事先准备好的杯子中。
3. 刮去奥利奥饼干中间的奶油。
4. 将刮去奶油的饼干放入保鲜袋中，用擀面杖擀成大小均匀的碎粒。
5. 将饼干碎撒在酸奶表面。
6. 插一朵小花作为装饰即可。

贴士

1. 酸奶尽量选用浓稠一些的。
2. 饼干不要擀得太碎，否则会没有"泥土"的质感。

步　骤

玛格丽特

食材 低筋面粉 85 克／玉米淀粉 85 克／黄油 80 克／糖粉 40 克／盐 1 克／熟蛋黄 2 个

步骤

1. 将黄油室温软化至可以轻松按一个指印。加入糖粉，用手动打蛋器打发至体积膨胀，颜色发白。

2. 熟蛋黄放在网筛上，用勺子按压，使蛋黄变成均匀的小颗粒状。

3. 过筛后的蛋黄如图所示。

4. 筛入低筋面粉和玉米淀粉，放入盐。

5. 用刮刀将所有食材拌匀，和成面团，放入冰箱冷藏 1 小时。

6. 取出面团，分成每份 10 克的小面团，搓成球形。

7. 将一颗颗小面团放入烤盘，用拇指按压，即可出现自然的裂纹。

8. 预热烤箱 170 摄氏度。预热好后，将烤盘放入烤箱中层，上下火，烘烤 20 分钟，至表面微焦黄即可。

贴士

    1. 鸡蛋要完全煮熟，"溏心蛋"不容易过筛。

    2. 如果时间紧张，步骤 5 中冷藏 1 小时可以改成冷冻 15 分钟，这一步的目的是让面团变硬，按压的时候裂纹会更好看。

    3. 烘烤时间和温度依据自家烤箱做调整，烤到边缘微焦黄即可，不要烤过了。

步骤

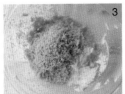

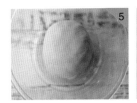

芝麻紫薯饼

食材　紫薯 300 克／糯米粉 50 克／牛奶 50 克／白砂糖 50 克／白芝麻适量

步骤

1. 紫薯洗净去皮切片，放入蒸锅中，蒸至可以轻松地用筷子穿过。

2. 将蒸熟的紫薯用叉子尽可能压成细腻的薯泥。

3. 加入糯米粉、白砂糖、牛奶，搅拌均匀，和成面团。

4. 将紫薯面团分成一个个 25 克的小面团，搓圆放入烤盘，撒入适量白芝麻。晃动烤盘，让小面团均匀地粘裹芝麻。

5. 将粘裹芝麻的小面团压扁，预热烤箱上下火 160 摄氏度。

6. 烤箱预热好后，将烤盘放入烤箱中层，烘烤 30 分钟，出炉后放在烤网上晾凉即可。

贴士

1. 面团比较粘手，搓圆面团时，手上可以蘸些水。

2. 紫薯泥要尽可能细腻一些，这样成品口感会更好。

3. 如果不是不粘烤盘，需要垫油纸。

4. 依据自家烤箱细微调整烘烤温度和时间，成品是外部酥脆内部软糯的。如果吃到生粉味，就是没有烤熟，需回炉继续烘烤。

步　骤

柠檬小蛋糕

 食材　低筋粉100克／细砂糖90克／黄油60克／鸡蛋4个／泡打粉3克／盐1克／柠檬1个

贴士

1. 鸡蛋的打发程度是蛋糕能否成功的关键，打蛋器蘸蛋液能画出数字"8"即可。过分打发的话，蛋糕会很粗糙；打发不到位的话，蛋糕会不蓬松。

2. 加入面粉和黄油之后，都要用刮刀翻拌而不是搅拌。

3. 烘烤时间和温度依据自家烤箱做细微调整。

步骤

1. 用刨皮刀将整个柠檬的黄色外皮刨掉，然后将柠檬皮放入细砂糖中。

2. 将柠檬皮和细砂糖混合均匀。

3. 蛋清和蛋黄分离。

4. 挤出 15 克柠檬汁。将 4 个蛋黄和 2 个蛋清混合，加入混合好的柠檬皮和细砂糖以及柠檬汁。

5. 黄油加热至完全融化，此时黄油会分为澄清的黄油和部分杂质，隔热水保温待用。

6. 将打蛋盆放在 40 度的温水中，用电动打蛋器打发至拎起打蛋器，滴落的蛋糕糊可以划出数字 "8"，且数字缓慢消失。

7. 将低筋粉、泡打粉筛入打好的蛋液中，再放入盐。

8. 用翻拌的手法将面糊拌匀。

9. 将澄清的黄油顺着刮刀倒入面糊中，翻拌均匀。

10. 将面糊倒入模具中，预热烤箱 150 摄氏度。

11. 预热好后将模具放入烤箱中层，烘烤 25 分钟，出炉后脱模冷却。

步　　骤

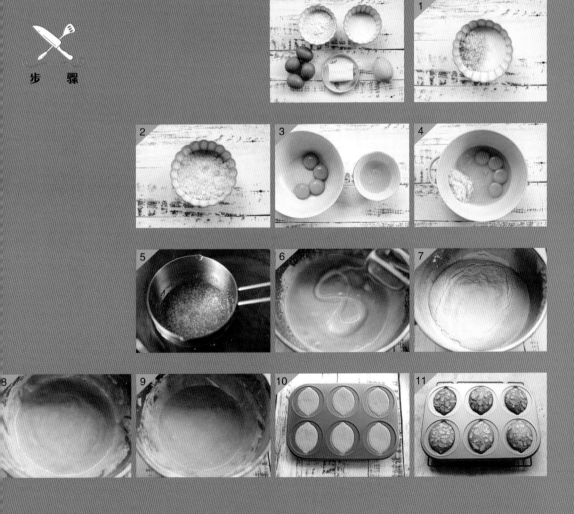

 食材 低筋面粉 125 克／糖粉 100 克／黄油 100 克／鸡蛋 2 个／泡打粉 4 克／橙子中等大小 1 个

橙香磅蛋糕

贴士

1. 糖粉要分次加入，一次性加入的话，黄油的水分会被吸走，导致黄油变硬。

2. 鸡蛋要放至室温，否则加入黄油中，容易油水分离。

3. 蛋液一定要分次加入，不然也很容易油水分离。

4. 因为面糊比较稠，所以需要装入裱花袋，这样挤入模具才不会出现空洞。

5. 面糊抹成两边高中间低，是为了能有均匀美丽的裂纹。

6. 第 7 步，面糊要多翻拌，这是为了面糊能起筋，烤制过程中蛋糕会膨胀得很高，内部松软绵密。

步骤

1. 鸡蛋放至室温，打散。

2. 橙子用盐搓洗表面，去除表面的蜡，然后用刨皮器刨下整个橙子的皮。

3. 黄油软化至可以轻松按出一个指印，用打蛋器搅拌至柔软的乳霜状态。

4. 分 3 次加入糖粉，边加边用打蛋器搅拌，此时黄油的状态应该更白更蓬松。

5. 分 4~5 次加入蛋液，边加边用打蛋器搅拌，蛋液完全被黄油吸收后，才能再往里加。

6. 将低筋粉和泡打粉混合，筛入打发好的黄油中。

7. 用刮刀以翻拌的方式搅拌均匀，多翻拌几次，至面糊有光泽。

8. 加入橙皮，翻拌均匀。预热烤箱 170 摄氏度。

9. 将面糊装入裱花袋，挤入模具。

10. 轻轻震动模具，将表面抹成两边高中间低的样子。放入预热好的烤箱中层，上下火，烘烤 20 分钟。烘烤结束后，可将牙签插入蛋糕，拔出后牙签上没有面糊即可。

11. 出炉后立即脱模，可以趁热刷一些糖水在蛋糕表面，蛋糕会迅速吸收糖水。待蛋糕彻底冷却后，就可以切片食用了。

步　骤

黑芝麻燕麦能量饼干

 食材 即食燕麦片 100 克／低筋面粉 75 克／黄油 80 克／红糖 30 克／黑芝麻 25 克／椰蓉 25 克／牛奶 20 克

贴士

1. 黄油一定要室温软化，不能隔水加热。牛奶提前从冰箱取出，让其温度恢复至室温，不然搅拌过程中容易油水分离。

2. 喜欢酥脆口感的话，饼干应尽量压得薄一些。

3. 烘烤温度和时长依据自家烤箱做细微调整，烤至饼干边缘金黄色即可，不要烤焦了。

4. 不粘烤盘可以直接放入饼干，其他烤盘需要垫油纸。

5. 刚出炉的饼干是软的，晾凉后就会变脆。

步骤

1. 黄油室温软化至可以轻松按一个指印。

2. 将红糖加入软化好的黄油中，用手动打蛋器搅拌至黄油微微打发。

3. 边搅拌边缓慢加入牛奶，搅打至黄油成羽毛状，红糖颗粒完全融化。

4. 筛入低筋面粉，搅拌至均匀无颗粒，如图所示状态。

5. 面糊中加入燕麦片。

6. 将燕麦片与面糊拌匀。

7. 黑芝麻和椰蓉混合在一起，拌匀。

8. 将拌匀的黑芝麻和椰蓉加入步骤 6 的面团中。

9. 将所有食材混合均匀，此时面团略干，可带一次性手套用手多揉几次。

10. 取 10 克左右的面团，搓圆，放在不粘烤盘上，压扁。预热烤箱 175 摄氏度。

11. 烤盘放入预热好的烤箱中，上下火烘烤20分钟，有热风循环的将其打开。出炉后，将饼干放烤网晾凉。

步　　骤

红薯饼

食材　红薯中等大小 1 个／面粉适量／糯米粉 1 勺／糖适量／水适量

贴士

1. 红薯不需要压太碎，留些小颗粒口感会更好。
2. 一定要用不粘锅，因为烙饼的时候没有放油。
3. 红薯足够甜的话，可以不放糖。

步骤

1. 红薯去皮切片，放入蒸锅中蒸至软糯。

2. 面粉和糯米粉混合，筛入碗中。

3. 加入适量沸水和成面团，盖湿布静置 15 分钟。

4. 蒸好的红薯用叉子压成泥，加入适量糖，拌匀。

5. 将面团揉至表面光滑。

6. 将面团分成均匀的小面团。

7. 将小面团擀成薄片。

8. 放入红薯馅。

9. 用包包子的手法将红薯馅包裹起来，压薄。

10. 不粘锅中不需要放油。锅微热放入红薯饼。

11. 待红薯饼表面微金黄时，翻面，另一面也变成金黄色即可出锅。

步　骤

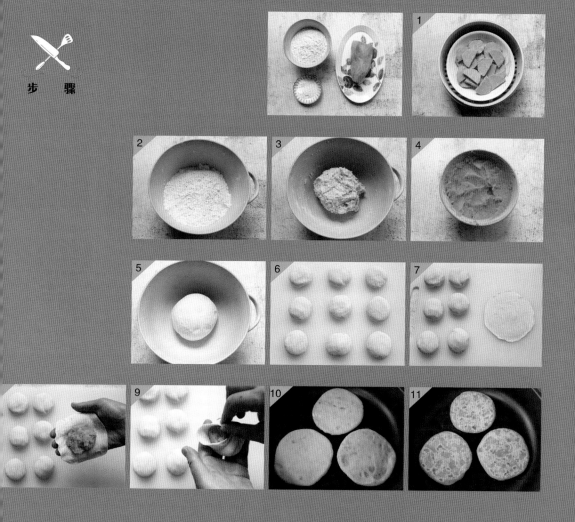

枣糕

食材　红枣 120 克／低筋粉 180 克／红糖 50 克／白砂糖 20 克／牛奶 160 克／玉米油 40 克／鸡蛋个／小苏打 5 克

贴士

1. 红枣可以部分打碎，留下部分果肉在蛋糕里也很好。可以依据喜好加入核桃仁之类的坚果。

2. 依据自家烤箱的温度，适当调节烘烤温度以及时间，不要烤焦了。烘烤时间不足，晾凉后蛋糕容易回缩。

步骤

1. 红枣洗净去核。

2. 去核红枣冷水下锅，水开后煮 5 分钟，捞出沥干多余的水分。

3. 蛋白蛋黄分离。

4. 将玉米油倒入牛奶中，隔水加热，边加热边搅拌，至完全乳化看不到油花。

5. 将红枣、乳化好的牛奶和玉米油、红糖、蛋黄加入料理机，搅打至细腻无颗粒。

6. 低筋粉与小苏打混合，筛入第 5 步混合好的材料中。

7. 用刮刀以翻拌的手法将面糊混合均匀。

8. 用电动打蛋器打发蛋白。打发的过程中，将白砂糖分 3 次加入蛋白中，直至打发到湿性发泡状态（打蛋头提起会形成一个弯钩）。

9. 取三分之一的蛋白加入面糊中。

10. 用刮刀翻拌均匀。

11. 将面糊倒入剩下的三分之二的蛋白中。

12. 依然使用翻拌的手法，拌匀即可，不要过度翻拌。

13. 将拌匀的面糊倒入八寸蛋糕模具中。预热烤箱 160 摄氏度。

14. 将蛋糕模具放入预热好的烤箱，上下火烘烤 50 分钟；在蛋糕表面加盖锡纸，之后继续烘烤 20 分钟。出炉后倒扣晾凉再脱模。

步　骤

菠萝皮奶油泡芙

食材

泡芙主体: 低筋面粉60克／水100克／黄油45克／白砂糖5克／鸡蛋2个(约110克)／盐2克

菠萝皮: 低筋面粉50克／黄油40克／糖粉35克

馅料: 淡奶油150克／白砂糖15克

步骤

1. 先制作菠萝皮部分。将黄油室温软化，加入糖粉搅拌均匀。

2. 将低筋面粉筛入黄油中。

3. 将低筋面粉与黄油搅拌均匀，揉成一个光滑的面团。

4. 将面团装入保鲜袋，整形成直径约为5厘米的圆柱体，放入冰箱冷藏。

5. 开始做泡芙部分。将称重好的黄油、水、白砂糖、盐放入锅中，小火煮沸。

6. 放入过筛后的面粉，搅拌。

7. 搅拌至面粉与液体充分融合后离火，用筷子把面糊搅散，使面糊温度降至60摄氏度左右。

8. 将打散的蛋液少量多次加入面团中，每次加入都要充分搅拌均匀。

9. 配方中的蛋液不一定需要全部加入，用刮刀挑起面糊，呈倒三角形并且不会滑落即可。

10. 将面糊装入裱花袋中，用菊花花嘴将一个个泡芙胚挤到垫了油纸的烤盘上。因为泡芙烤制过程中会膨胀，所以面团之间需要保持一定距离，以免粘连。

11. 预热烤箱，上下火230摄氏度。

12. 将第4步中放入冰箱冷藏的面团取出，切成3毫米厚的薄片，放到挤好的泡芙胚上。将泡芙放入烤箱中下层，调整上下火至190摄氏度(可开启热风循环)，烘烤10分钟，之后温度调整至170摄氏度，烘烤20分钟。

13. 泡芙出炉后室温冷却。

14. 泡芙冷却过程中开始做奶油馅料。将白砂糖倒入冷藏后的淡奶油中，用电动打蛋器打发至表面有清晰纹路即可。

15. 将打发好的淡奶油装入裱花袋，用细长泡芙花嘴将奶油从泡芙底部挤入即可。

贴士

1. 蛋液不一定要全部加完，要依据面糊状态决定。

2. 烘烤过程中不要打开烤箱。

3. 烘烤时间和温度依据自家烤箱的温度，在做法的基础上做细微调整。烘烤一定要到位，烤不熟的话，泡芙冷却后容易塌陷。

4. 吃不完的泡芙，可放入冰箱冷藏一周，吃的时候取出，用烤箱烘烤3~5分钟，然后挤入奶油馅料即可。

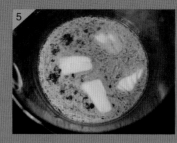

贴士

1. 雪梨去皮是为了口感更好。蒸的过程中会流失一部分梨汁，所以蒸的时候最好把梨放在碗中，蒸好后将碗中的梨汁倒回梨窝中。

2. 冰糖太少的话，雪梨不容易出汁。吃的时候，梨和梨汁一起吃，所以即便放了冰糖，也不会觉得甜腻。

3. 挖梨核的时候，用小一点的勺子，有冰激凌挖球器会更好。

4. 选择水分充足、足够新鲜的梨，不然出汁会很少。

冰糖雪梨

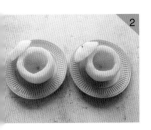
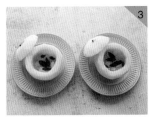

食材　雪梨 2 个／冰糖 12~16 粒／枸杞 10~12 粒

步骤

1. 雪梨洗净去皮。

2. 切去雪梨顶部当盖子，用勺子小心挖去核。

3. 在梨窝中放入冰糖和枸杞，盖上梨盖，放入蒸锅，中火蒸 30 分钟即可。

戚风蛋糕

食材

低筋面粉 60 克／牛奶 40 克／玉米油 35 克／细砂糖 35 克／鸡蛋 3 个／盐 2 克／柠檬汁 5 滴左右

步骤

1. 将 3 个鸡蛋的蛋白与蛋黄分离。
2. 牛奶中倒入玉米油，牛奶和玉米油隔水加热，搅拌至看不到油花。
3. 将蛋黄加入加热乳化好的牛奶玉米油溶液中，用手动打蛋器搅拌均匀。
4. 筛入称量好的低筋面粉，放入盐。
5. 用手动打蛋器按照"之"字形将面粉糊搅拌至无颗粒状态，不要过度搅拌，以免起筋。
6. 蛋白中加入少许柠檬汁，用电动打蛋器打发，过程中分 3 次加入细砂糖。
7. 如图所示，蛋白产生鱼眼泡，第一次加入细砂糖。
8. 如图所示，当蛋白变得细腻时，第二次加入细砂糖。
9. 如图所示，当蛋白产生明显纹路时，第三次加入细砂糖。
10. 将蛋白打发至湿性发泡稍微过一点就可以，即用打蛋器可以拉出一个弯角。预热烤箱，上下火 160 摄氏度。
11. 将 1/3 的蛋白加入蛋黄糊中。
12. 用刮刀翻拌均匀。注意要用翻拌的手法，而不是搅拌。
13. 将翻拌均匀的面糊倒入剩下的 2/3 的蛋白中。用同样的方法翻拌均匀，拌至完全融合即可，不要过度翻拌。
14. 将面糊倒入模具中。烤箱预热好后，将模具置于烤箱中层，烘烤 60 分钟。
15. 出炉后将模具倒扣晾凉。蛋糕晾凉后，用脱模刀小心地将蛋糕与模具分离，取出蛋糕。

贴士

1. 蛋白打发时，要保证打蛋盆无油无水。
2. 蛋白不要打发得太硬，不然很难翻拌均匀。
3. 烘烤时间和温度请依据自家烤箱做细微调整。

步　骤

5

11

6

12

1

7

13

2

8

14

3

9

15

4

10

椰香薯条

食材 红薯 200 克／紫薯 200 克／橄榄油 15 克／椰蓉适量

步 骤

步骤

1. 红薯、紫薯去皮，切成条。

2. 倒入橄榄油，拌匀，确保每根薯条表面都粘上油。

3. 倒入椰蓉，拌匀。

4. 将薯条铺在烤盘中，预热烤箱 180 摄氏度。预热好后，将烤盘放入烤箱中层，共烤 30 分钟即可。

贴士

1. 如果不是不粘烤盘，需要垫一层锡纸。

2. 烘烤温度和时间依据自家烤箱做细微调整，喜欢酥脆口感的，烘烤时间适当延长 5~10 分钟。

3. 烤箱有热风循环的，将其打开，成品会更酥脆一些。

蛋黄酥

食材

油皮部分：中筋面粉 150 克／猪油 55 克／糖粉 30 克／水 55 克

油酥部分：低筋面粉 120 克／猪油 60 克

馅料部分：咸蛋黄 16 个／豆沙馅 400 克

其他：鸡蛋 2 个／黑芝麻适量／高度白酒适量

步骤

1. 将油皮部分和油酥部分的猪油分别加入面粉中。

2. 将油酥部分的面粉和猪油混合均匀，揉成面团。油皮部分再加入糖粉和水，揉 20 分钟左右，至拉开面团可以形成一层薄膜，盖保鲜膜松弛 10 分钟。

3. 咸蛋黄表面喷高度白酒，预热烤箱 180 摄氏度。预热好后，将咸蛋黄放入烤箱中层烘烤 7 分钟。

4. 将豆沙分成每份 25 克。

5. 将松弛好的油皮和油酥各分成 16 份。

6. 取一份油皮，压扁，放入一个油酥面团。

7. 用包包子的手法将油酥包在油皮里面，收口处一定要捏紧，不然在后面的操作中容易破酥。

8. 包好的面团用擀面杖擀成椭圆形薄片。

9. 自下而上卷起。

10. 将其余面团进行同样操作。全部卷好后，盖保鲜膜松弛 20 分钟。

11. 松弛好后取一个面团，再次用擀面杖擀成椭圆形薄片。

12. 再次自下而上卷起。将所有面团进行同样操作，之后再次松弛 20 分钟。

13. 取一个松弛好的面团，用拇指从中间按压，让面团对折。

14. 将面团两端向内折，折成一个球形。

15. 将折好的面团擀成圆形薄片。

16. 取一份豆沙馅，压扁，中心放入一个烤好的蛋黄。

17. 用豆沙馅将蛋黄完全包裹，搓圆。

18. 将包好蛋黄的豆沙馅放入擀开的面团中。

19. 用手的虎口部位将面皮一点点向上推，至完全包裹住豆沙馅。

20. 剩余馅料和面皮进行同样操作，包好后整理成均匀的圆形。

21. 将两个鸡蛋的蛋清蛋黄分离，将蛋黄液用刷子刷在面团表面。

22. 在刷好蛋黄液的面团表面撒少许黑芝麻。

23. 预热烤箱 180 摄氏度。预热好后，将烤盘置于烤箱中层，上下火烘烤 30 分钟。出炉后晾凉，外皮就会变得酥脆了。

1. 猪油要用固态的，融化的猪油不容易和面粉混合。
2. 每个步骤的松弛时间一定要到位，这样成品效果会更好。
3. 制作过程要随时盖保鲜膜，不能让面团变干。
4. 夏天制作的时候，每次松弛面团，都需要将其放在冰箱冷藏室进行，以免面团出油严重。进行下一步操作时，再将面团回温至室温操作。

步　骤

食材　吐司面包 1 片／鸡蛋 1 个／细砂糖 5 克／柠檬汁 3~5 滴

步骤

步骤

1. 将蛋清和蛋黄分离。

2. 蛋白中加入细砂糖和柠檬汁。用电动打蛋器打发蛋白，打至提起打蛋器可以拉出一个小小的尖角。

3. 将打好的蛋白挖在吐司片上，整理一下形状。

4. 在蛋白中挖一个小坑，放入蛋黄。预热烤箱上下火 140 摄氏度，预热好后将吐司片放入烤箱中层，烘烤 15 分钟。

贴士

1. 柠檬汁的用途是去掉蛋腥味。如果喜欢重口味的，可以在吐司片和蛋白之间上涂花生酱、炼乳之类的酱料。

2. 依据自家烤箱调整烘烤温度和时间，烤箱温度不要太高，以免将蛋白烤煳，这样成品会不好看。

3. 成品是溏心蛋，如果蛋黄完全成熟，蛋白就容易烤过火。

吐司的创意吃法——蔓越莓吐司布丁

食材 吐司 2 片／牛奶 100 克／鸡蛋 2 个／细砂糖 5 克／蔓越莓干 10 克

步 骤

步骤

1. 将吐司切成小块放入焗碗中。

2. 鸡蛋打散，倒入牛奶，加入细砂糖搅拌均匀。

3. 将蛋奶液倒入焗碗，确保倒的时候每块吐司都粘到蛋奶液。预热烤箱上下火 170 摄氏度。

4. 在吐司块表面撒蔓越莓干。烤箱预热好后，将焗碗置于烤箱中层，烘烤 30 分钟即可。

贴士

1. 在焗碗上事先涂一层黄油，可以防粘。

2. 成品上部分酥脆，下部分类似于布丁的口感。

3. 依据自家烤箱细微调整烘烤温度及时间。

吐司的创意吃法
——熔岩乳酪吐司

 食材　吐司片 2 片／芝士 2 片／牛奶 150 克／黄油 15 克／细砂糖 5 克／面粉 1 勺／杏仁片 1 勺

 步骤

1. 锅中放入黄油，待黄油快要完全融化时，加入面粉。

2. 小火翻炒面粉，炒至面粉糊冒细小的泡。

3. 倒入凉牛奶和糖，小火一边熬煮一边搅拌，煮至浓稠细腻的状态，关火。

4. 放入两片芝士，利用余温让芝士融化。

5. 待芝士完全融化，搅拌均匀成为顺滑的奶酱。

6. 预热烤箱上下火 200 摄氏度。烤盘铺上锡纸，放入两片吐司。

7. 将奶酱均匀铺在吐司片上，撒少许杏仁片。

8. 烤箱预热好后，将烤盘置于烤箱中层，烘烤 10 分钟，至表面出现焦黄色的点即可。

贴士

1. 黄油中加入面粉的时候，一定要翻炒至顺滑没有小颗粒。

2. 加入牛奶的时候，一定要加凉牛奶，不然容易产生面疙瘩。

3. 依据自家烤箱细微调整烘烤温度及时间。

步　骤

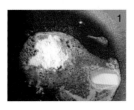

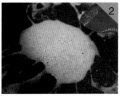

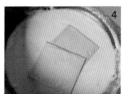

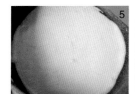

吐司的创意吃法——棉花糖吐司

🍽 食材 吐司1片／棉花糖9~16个（依据棉花糖的大小而定）／巧克力酱少许

📖 步骤

1. 吐司片放入烤盘，将棉花糖整齐地摆在吐司片上。预热烤箱，上下火200摄氏度。

2. 烤箱预热好后，将烤盘置于烤箱中层烘烤5分钟。

3. 出炉后，在棉花糖表面淋巧克力酱即可。

贴士

1. 红薯选择口感软糯的，而不是脆的。
2. 红薯不够甜的话，可以在薯泥中加入少许糖。
3. 马苏里拉芝士依据个人喜好调整用量。

芝士焗红薯

食材　红薯1个／马苏里拉芝士适量

步骤

1. 红薯去皮洗净，切成片，上锅蒸至软糯。

2. 将蒸好的红薯用叉子压成薯泥，放入焗碗中压平。

3. 在薯泥上撒一层马苏里拉芝士。预热烤箱190摄氏度。预热好后，将焗碗置于烤箱中层，烘烤15~20分钟，直至芝士表面出现焦黄色的点即可。

食材　蜂蜜水适量／食用油适量　白色面团：低筋面粉130克／白砂糖15克／玉米油15克／水60克　红色面团：低筋面粉130克／红糖15克／玉米油15克／水60克

步　骤

1

2

3

4

5

猫耳朵

🌿 步骤

1.将红色面团和白色面团所需的低筋面粉放入两个盆中，分别加入糖、玉米油、水，和成两个面团。

2.将面团静置20分钟松弛一下，然后用擀面杖将两种面团分别擀薄成同样大小的圆形。在白色面片表面均匀刷一层蜂蜜水。

3.将红色面片摞在白色面片上，再继续擀薄，让两种面团更好地贴合。之后在红色面片表面均匀刷蜂蜜水。

4.将粘在一起的面团紧紧卷起，用保鲜膜裹起来，放入冰箱冷冻1小时。

5.冷冻完成后，取出面团，切薄片。将适量的食用油放入锅中，油六成热时放入切好的面片，炸至变色即可。

贴士

1.擀面和切片的时候，都尽量薄一些，这样成品会比较脆。

2.冷冻时间要充足，不然切的时候容易变形。

3.炸好的猫耳朵放凉了才会脆。

4.红色面团的传统做法是放红糖，依据自己口味可以换成可可粉。

164

脆皮炸鲜奶

食材　牛奶 250 克／玉米淀粉 30 克／白砂糖 25 克／鸡蛋一个／面包糠适量／低筋粉适量／食用油适量

步　骤

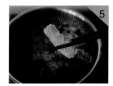

 步骤

1. 将牛奶、玉米淀粉、白砂糖加入锅中，开小火，边加热边搅拌。

2. 找一个矩形容器，在容器内壁涂油，将奶糊倒入，并放入冰箱冷藏 1 小时。

3. 将冷藏至果冻状的奶糊取出，切条。

4. 鸡蛋打散，让奶糕条蘸取蛋液，之后滚一层低筋粉，再裹一层面包糠。

5. 油锅加热到六成热，将奶糕条放入，炸至金黄色即可。

 贴士

1. 第一步一定要小火加热，不然容易结块，导致口感粗糙。

2. 熬煮到黏稠就可以，熬太久成品口感会硬。

165

圣诞花环曲奇

食材　黄油 80 克／低筋面粉 45 克／中筋面粉 45 克／白砂糖 20 克／糖粉 20 克／蛋液 25 克／抹茶粉克／白巧克力适量／装饰糖粒适量

步骤

1. 黄油室温软化至软膏状，分次加入白砂糖、糖粉、蛋液，具体做法参考黄油曲奇步骤一至步骤三。

2. 低筋面粉、中筋面粉、抹茶粉混合均匀，筛入到打发好的黄油中。

3. 用刮刀翻拌均匀，拌至没有干面粉即可，不要过度翻拌。

4. 裱花袋中装入曲奇花嘴，盛入拌匀的面糊，按如图形状挤在烤盘上。预热烤箱上下火 170 摄氏度。预热好后，将烤盘置于烤箱中层，烘烤 5 分钟，再盖上锡纸继续烘烤 10 分钟。

5. 白巧克力隔水加热融化。

6. 将烤好的曲奇晾凉，粘少许融化的白巧克力，撒一些装饰糖粒，置于烤网上等待白巧克力凝固即可。

贴士

1. 鸡蛋液如果从冷藏室中取出，需要回温至室温再加入黄油，不然容易导致油水分离。

2. 黄油不要打发过度，全程控制在 5 分钟以内。

3. 细砂糖和糖粉缺一不可，只用糖粉的曲奇，延展性差，成品不太酥松；只用细砂糖的曲奇，延展性太强，成品花纹不立体。

4. 挤在烤盘里的曲奇尽量保持大小一致，这样成品成熟度才会均匀，不会出现有的没上色，有的已经烤糊了的情况。烘烤 5 分钟后，一定要加盖锡纸，不然成品颜色会发黄，失去抹茶本身的绿色。

5. 不是不粘烤盘的话，需要在烤盘中垫一张油纸。

6. 依据自家烤箱细微调整烘烤温度和时间。

7. 装饰糖粒可以换成蔓越莓碎和无花果碎，颜色一样好看。

步　骤

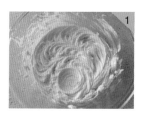

黄金玉米烙

食材　玉米粒 280 克／玉米淀粉 25 克／糯米粉 25 克／玉米油适量　撒料：白砂糖 1 勺／奶粉 1 勺／盐 1/4 勺

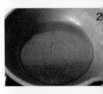

步骤

🌿 步骤

1. 将玉米淀粉和糯米粉混合均匀，筛入玉米粒，搅拌，让每粒玉米都裹上粉，最后的状态应该是黏糊有水分的，太干的话加一点水。

2. 锅中倒入可以没过所有玉米粒的玉米油，加热到轻微冒烟，倒出 2/3 的油备用。

3. 关火，倒入玉米粒，用铲子使玉米粒尽量平铺在锅底，铺好后开小火煎炸 3 分钟。

4. 倒入之前盛出的 2/3 的油，转中火炸 3 分钟。小心倒出油，然后利用锅的弧度，将玉米烙滑出到吸油纸上，吸掉多余油脂后，盛盘，撒料。

贴士

1. 玉米粒入锅摊平之后，不要随意晃动锅，容易散开。
2. 不要炸太久，否则玉米粒容易脱水，口感会变差。

红丝绒蛋糕

食材

低筋面粉50克／牛奶40克／细砂糖45克（蛋白用）／玉米油30克／鸡蛋3个／柠檬汁5滴／红曲粉6克／可可粉6克／盐1克／淡奶油150克 ／细砂糖15克（奶油用）／糖粉适量

步骤

1. 将3颗鸡蛋的蛋清和蛋黄分离。

2. 将牛奶倒入玉米油，隔水加热搅拌至完全融合。

3. 搅拌好的牛奶和玉米油中加入蛋黄，搅拌均匀。

4. 筛入低筋面粉、红曲粉和可可粉，加入盐。

5. 用刮刀翻拌至均匀无颗粒。

6. 蛋白中加入柠檬汁，分3次加入细砂糖，边加边用电动打蛋器打发，直至抬起打蛋器，打蛋头上能拉出一个小小的弯角。

7. 取1/3打好的蛋清加入蛋黄面糊中。

8. 用刮刀翻拌均匀，注意是翻拌而不是搅拌。

9. 将翻拌好的面糊倒入剩下的2/3的蛋白中。

10. 依然用同样的手法翻拌均匀。翻拌至完全融合即可，不要过度翻拌。预热烤箱上下火160摄氏度。

11. 将面糊倒入模具中。烤箱预热好后，将蛋糕模具置于烤箱中层，烘烤50分钟。

12. 烤好后将蛋糕模具倒扣晾凉，之后用脱模刀脱模，取出蛋糕胚。

13. 用刀削去蛋糕最上面的硬皮，把剩余部分片成均匀的三层。

14. 将削下的外皮放入料理机打成蛋糕碎屑。

15. 淡奶油中加入细砂糖，用电动打蛋器打发至有清晰的纹路。

16. 一层蛋糕片一层奶油叠放起来。

17. 将剩余奶油涂抹在蛋糕体表面，涂抹至均匀且光滑。把之前打好的蛋糕碎屑撒在蛋糕表面做装饰，把糖粉用镂空模具筛在蛋糕表面即可。

贴士

1. 烘烤时间和温度请依据自家烤箱做细微调整。

2. 此配方成品为一个六寸蛋糕或者两个四寸蛋糕。

3. 加入可可粉是为了保证颜色的同时，中和红曲粉的酸苦味。

步 骤

奶油覆盆子蛋糕卷

食材 低筋粉 52 克／白砂糖（蛋糕胚）60 克／白砂糖（淡奶油）20 ／牛奶 52 克／玉米油 40 克／鸡蛋 4 个／淡奶油 200 克／柠檬汁少许／覆盆子数粒

步骤

1. 牛奶中倒入玉米油。

2. 牛奶和玉米油隔水加热，搅拌至看不到油花。

3. 将 4 枚鸡蛋的蛋白与蛋黄分离。

4. 将蛋黄加入之前乳化好的牛奶玉米油溶液中。

5. 用手动打蛋器搅拌均匀。

6. 筛入称量好的低筋面粉。

7. 用手动打蛋器按照"之"字形搅拌至无颗粒状态，不要过度搅拌，以免起筋。

8. 蛋白中加入少许柠檬汁，用电动打蛋器打发，过程中分 3 次加入白砂糖。

9. 如图所示，蛋白产生鱼眼泡，第一次加入白砂糖。

10. 如图所示，当蛋白变得细腻时，第二次加入白砂糖。

11. 如图所示，当蛋白产生明显纹路时，第三次加入白砂糖。

12. 将蛋白打发至湿性发泡稍微过一点就可以，即用打蛋器可以拉出一个弯角。预热烤箱，上下火 165 摄氏度。

13. 将 1/3 的蛋白加入蛋黄糊中。

14. 用刮刀翻拌均匀。

15. 将翻拌均匀的面糊倒入剩下的 2/3 的蛋白中，翻拌均匀。

16. 将拌匀的面糊从烤盘中心点倒入。

17. 倾斜烤盘，使面糊均匀铺在烤盘里，将烤盘从距离操作台 20 厘米的高处落下，震出内部的气泡。

18. 将烤盘放入烤箱，165 摄氏度烘烤 35 分钟。出炉后将烤盘从距操作台 20 厘米的高处落下，震出热气。

19. 室温放至烤盘不烫手的时候，倒扣脱模。

20. 如图所示，脱模后，烤盘里会有一层毛茸茸的附着物。

21. 将细砂糖倒入淡奶油中。

22. 将淡奶油打发至有明显纹路。

23. 蛋糕胚边缘切斜口，放在油纸上，颜色浅的一面朝下。

24. 在颜色深的一面涂抹打发好的淡奶油，一边厚一些，逐渐过渡到薄。

25. 从奶油厚的一端卷起，用油纸卷着擀面杖，借着卷擀面杖的力量卷起蛋糕。

26. 卷到前端，用擀面杖带动油纸将蛋糕前沿往回收，顺势卷过去就可以了。

27. 卷好的蛋糕卷用油纸包着，放入冰箱，冷藏 4 小时。

28. 冷藏好的蛋糕卷去掉油纸，用温热的刀切片，切口处塞上覆盆子即可。

贴士

1. 做蛋糕胚的时候，蛋白不要打发得太硬，不然蛋糕容易裂开。
2. 烘烤时间和温度请依据自家烤箱做细微调整。
3. 切蛋糕卷的时候，每次都要用热水将刀温热并擦干，这样成品会比较干净。
4. 奶油打发得硬一些，比较容易定型。
5. 蛋白打发过程中要保证打蛋盆无油无水。

步 骤

肉松小贝

低筋粉 52 克／白砂糖 60 克／牛奶 52 克／玉米油 40 克／鸡蛋 4 个／柠檬汁少许／沙拉酱适量／肉松适量／海苔适量

步骤

1. 牛奶中倒入玉米油。

2. 牛奶和玉米油隔水加热，搅拌至看不到油花。

3. 将 4 枚鸡蛋的蛋白与蛋黄分离。

4. 将蛋黄加入之前乳化好的牛奶玉米油溶液中。

5. 用手动打蛋器搅拌均匀。

6. 筛入称量好的低筋面粉。

7. 用手动打蛋器按照"之"字形将面糊搅拌至无颗粒状态，不要过度搅拌，以免起筋。

8. 蛋白中加入少许柠檬汁，用电动打蛋器打发，过程中分 3 次加入白砂糖。

9. 如图所示，蛋白产生鱼眼泡，第一次加入白砂糖。

10. 如图所示，当蛋白变得细腻时，第二次加入白砂糖。

11. 如图所示，当蛋白产生明显纹路时，第三次加入白砂糖。

12. 将蛋白打发至湿性发泡稍微过一点就可以，即用打蛋器可以拉出一个弯角。预热烤箱，上下火 165 摄氏度。

13. 将 1/3 的蛋白加入蛋黄糊中。

14. 用刮刀翻拌均匀。

15. 将翻拌均匀的面糊倒入剩下的 2/3 的蛋白中，翻拌均匀。

16. 将拌匀的面糊从烤盘中心点倒入。

17. 倾斜烤盘，使面糊均匀铺在烤盘里，将烤盘从距离操作台 20 厘米的高处落下，震出内部的气泡。

18. 将烤盘放入烤箱，165 摄氏度烘烤 35 分钟。出炉后，将烤盘从距离操作台 20 厘米的高处落下，震出热气。

19. 室温放至烤盘不烫手的时候，倒扣脱模。

20. 如图所示，脱模后，烤盘里会有一层毛茸茸的附着物。

21. 用圆形切模或者杯子切出一个个圆形蛋糕片。

22. 海苔剪碎拌入肉松中。

23. 取一片蛋糕片抹上沙拉酱。

24. 将抹过沙拉酱的蛋糕片与另外一片蛋糕片粘合在一起。

25. 蛋糕外围薄薄涂一层沙拉酱，放入盛肉松海苔的碗中。

26. 将蛋糕外围沾满肉松和海苔即可。

贴士

1. 做蛋糕胚的时候,蛋白不要打发得太硬,不然蛋糕容易裂开。
2. 烘烤时间和温度请依据自家烤箱做细微调整。

步 骤